U0352776

水利工程启闭机
使用许可证教程

水利部综合事业局　　组织编写

盛旭军　梅华锋　王晗埘　　主　编

中国环境出版社·北京

图书在版编目（CIP）数据

水利工程启闭机使用许可证教程/盛旭军，梅华锋，王晗塽主编. 水利部综合事业局组织编写. —北京：中国环境出版社，2013.3

ISBN 978-7-5111-1338-2

Ⅰ．①水… Ⅱ．①盛… ②梅… ③王… ④水…
Ⅲ．①闸门启闭机—许可证—中国—教材 Ⅳ．①TV664

中国版本图书馆 CIP 数据核字（2013）第 030957 号

出 版 人	王新程
责任编辑	周艳萍
责任校对	唐丽虹
封面设计	宋 瑞

出版发行 中国环境出版社
　　　　　（100062 北京市东城区广渠门内大街 16 号）
　　　　　网　　址：http://www.cesp.com.cn
　　　　　电子邮箱：bjgl@cesp.com.cn
　　　　　联系电话：010-67112765（编辑管理部）
　　　　　　　　　　010-67112738（管理图书出版中心）
　　　　　发行热线：010-67125803，010-67113405（传真）
印　　刷 北京中科印刷有限公司
经　　销 各地新华书店
版　　次 2013 年 4 月第 1 版
印　　次 2013 年 4 月第 1 次印刷
开　　本 787×960　1/16
印　　张 10.75
字　　数 200 千字
定　　价 30.00 元

编 委 会

序　言

启闭机是水利工程中用于开启和关闭闸门、起吊和安放拦污栅的专用设备，其质量状况关系到水利工程运行和人民生命财产的安全，直接影响到社会安定。

国家历来重视启闭机产品的质量管理工作，水利部自 1992 年起对启闭机实行使用许可管理。2004 年，"启闭机使用许可证核发"被国务院作为确需保留的行政审批项目设定行政许可（国务院[2004]412 号令第 166 项）。2010 年，水利部发布《水利工程启闭机使用许可管理办法》（水利部令　第 41 号）。2011 年，水利部发布《水利工程启闭机使用许可管理办法实施细则》（水事业[2011]77 号），基本建立了启闭机使用许可管理工作的制度体系，启闭机使用许可管理工作迈入法制化、科学化、规范化的管理轨道。

为贯彻落实好《水利工程启闭机使用许可管理办法》及其实施细则的要求，满足水利工程启闭机使用许可管理队伍建设工作的需要，进一步提高启闭机使用许可企业实地核查工作质量，保证核查过程的规范化和可控性，水利部综合事业局精心策划，并组织有关专家成立编委会编写了本教程，全面介绍了水利工程启闭机使用许可核发工作和审查员作业规范。本教程共分上、下两篇：水利工程启闭机使用许可证概论、水利工程启闭机使用许可审查员作业指导书。上篇概述了水利工程启闭机使用许可证管理制度的产生、发展及适用范围，介绍了启闭机基础知识，说明了启闭机使用许可管理的组织机构和职责，阐述了水利工程启闭机使用许可证核发程序、企业实地核查工作程序、产品质量检测程序、监督管理及对无证企业的查处，并介绍了与启闭机使用许可证核发工作相关的法律、法规和规定。下篇全面介绍了企业实地核查工作流程、实施方法，重点阐述了企业实地核查方法和要点。教程既适合水利工程启闭机使用许可证审查员业务培训的需要，又能满足读者自学的要求。

　　本教程的出版可以帮助水利工程启闭机使用许可证核发办理人员、审查人员、质量检测人员、监督检查人员掌握启闭机使用许可管理的各项规定和技术要求，提高其依法行政、依法办理、依法服务的能力和水平。同时，也能为从事启闭机生产、使用和管理的单位和个人提供一些帮助，增强对启闭机质量管理重要性的认识，贯彻落实好启闭机市场准入制度，严格遵守有关规定，依法申请取证，依法持证生产经营，为水利工程提供优质产品和服务。

2012 年 12 月

目　录

上　篇　水利工程启闭机使用许可证概论

下 篇 水利工程启闭机使用许可审查员作业指导书

附　录

上篇

水利工程启闭机使用许可证概论

1 水利工程启闭机使用许可管理概述

1.1 水利工程启闭机使用许可管理制度的产生与发展

水利工程启闭机是用来开启和关闭闸门、拦污栅等水工金属结构的关键性永久设备，是水利工程不可分割的重要组成部分。启闭机在运行过程中，由于受到轨道摩擦阻力、泥沙淤积阻力，使得启闭机启闭荷载变数大，甚至可能超过启闭机的设计额定载荷。因此，启闭机的安全可靠运行直接影响到水利工程安全和社会经济效益的正常发挥，对工程起着举足轻重的作用。其质量的好坏不仅关系着产品本身的使用效果和寿命，也关系着水利工程的安全运行，甚至关乎国家和人民生命财产的安危。

国家历来重视水利工程启闭机的质量安全管理工作，为保证和提高水利工程启闭机产品质量，保障水利工程运行安全，水利部于 1992 年颁布了《水利部启闭机产品质量等级评定暂行管理办法》（水机[1992]2 号），开始对水利工程启闭机实行使用许可证管理制度。2003 年，水利部对《水利部启闭机产品质量等级评定暂行管理办法》进行了修订，重新颁布了《水利工程启闭机使用许可证管理办法》（水综合[2003]277 号）。2004 年 7 月 1 日，《中华人民共和国行政许可法》（中华人民共和国主席令第 7 号）实施后，国家对行政许可项目进行了清理和整顿。鉴于水利工程启闭机的产品质量对水利工程的安全运行有着至关重要的影响，2004 年 6 月 29 日，国务院以《国务院对确需保留的行政审批项目设定行政许可的决定》（国务院令第 412 号）将启闭机使用许可证核发确定为保留的行政许可项目，由水利部按照《中华人民共和国行政许可法》的规定负责实施。

随着水利工程建设规模的不断扩大，对启闭机产品质量的要求也不断提高。为进一步做好水利工程启闭机使用许可管理工作，加强政府监管，2010 年 10 月，水利部在对《水利工程启闭机使用许可证管理办法》修订的基础上，重新颁布了《水利工程启闭机使用许可管理办法》（水利部令第 41 号）（以下简称《管理办法》），自 2010 年 12 月 1 日起正式实施，并于 2011 年 3 月 8 日颁布了配套的《水利工程启闭机使用许可管理办法实施细则》（水事业[2011]77 号）（以下简称《实施细则》）。新的《管理办法》进一步规范了启闭机使用许可核发工作程序，加大了监督管理的力度，为启闭机使用许可制度的顺利开展提供了强有力的制度保障。

自从实行水利工程启闭机使用许可制度以来，生产企业通过取证准备、申请、企业实地核查、产品质量检验、取证后监督检查等一系列活动，逐步增强了质量意识，健全和完善了质量体系及各项制度，积极采用先进生产工艺和技术，努力加强职工的技能和业务培训，企业管理水平有了明显提高，启闭机产品质量得到了较大幅度的提高。到目前为止，全国取得水利工程启闭机使用许可证的企业已有近 210 家，颁发各类启闭机使用许可证证书近 400 张。

1.2　相关法律、法规和规章制度

水利工程启闭机使用许可证核发工作依据的主要法律、法规和规章制度如下：

（1）《中华人民共和国行政许可法》（2004 年 7 月 1 日起施行）；

（2）《国务院对确需保留的行政审批项目设定行政许可的决定》（国务院令第 412 号　第 166 项）；

（3）《水行政许可实施办法》（水利部[2005]23 号令）；

（4）《水利部关于修改或废止部分水利行政许可规范性文件的决定》（水利部[2005]25 号令）；

（5）《水利部实施行政许可工作管理规定》（水政法[2006]250 号）；

（6）《水利工程启闭机使用许可管理办法》（水利部令第 41 号）；

（7）《水利工程启闭机使用许可管理办法实施细则》（水事业[2011]77 号）。

1.3　相关技术标准

1.3.1　产品标准

（1）《水利水电工程启闭机制造安装及验收规范》（SL 381）；

（2）《QL 型螺杆式启闭机技术条件》（SD 298）；

（3）《固定卷扬式启闭机通用技术条件》（SD 315）；

（4）《水利水电工程启闭机设计规范》（SL 41）；

（5）《水电水利工程启闭机设计规范》（DL/T 5167）；

（6）《QPPY 系列液压式启闭机》（SD 207）；

（7）《起重机设计规范》（GB/T 3811）。

1.3.2 相关标准

（1）《低压电器外壳防护等级》（GB/T 4942.2）；

（2）《低压电器基本标准》（GB/T 1497）；

（3）《重要用途钢丝绳》（GB/T 8918）；

（4）《液压系统通用技术条件》（GB/T 3766）；

（5）《水工金属结构焊接通用技术条件》（SL 36）；

（6）《水工金属结构防腐蚀规范》（SL 105）；

（7）《无损检测人员资格鉴定与认证》（GB/T 9445）；

（8）《无损检测　应用导则》（GB/T 5616）；

（9）《金属熔化焊焊接接头射线照相》（GB/T 3323）；

（10）《钢焊缝手工超声波探伤方法和探伤结果分级》（GB/T 11345）；

（11）《中厚钢板超声波检验方法》（GB/T 2970）；

（12）《钢锻件超声波检验方法》（GB/T 6402）；

（13）《铸钢件射线照相及底片等级分类方法》（GB/T 5677）；

（14）《无损检测　磁粉检测》（GB/T 15822.1～3）；

（15）《无损检测　渗透检测》（GB/T 18851.1～3）；

（16）《无损检测　焊缝磁粉检测及验收等级》（JB/T 6061）；

（17）《无损检测　焊缝渗透检测及验收等级》（JB/T 6062）。

1.4　水利工程启闭机使用许可管理适用范围

凡在我国境内生产销售的启闭机产品均按照《管理办法》进行管理，主要包括固定卷扬式启闭机、螺杆式启闭机、液压式启闭机、移动式启闭机 4 种型式。生产启闭机的企业，应当按照《管理办法》的规定向国务院水行政主管部门申请取得水利工程启闭机使用许可证。

企业未取得水利工程启闭机使用许可证的，不得参加水利工程启闭机的投标，其生产的启闭机禁止在水利工程中使用。

2 水利工程启闭机基础知识

2.1 启闭机的定义及相关术语

本教程对启闭机的定义是指水利水电工程中用于开启和关闭闸门、起吊和安放拦污栅的专用永久设备。

2.1.1 启闭机的主要类型

（1）固定卷扬式启闭机：机架固定在水工建筑物上，用钢丝绳作牵引件、经卷筒转动来启闭闸门或拦污栅等的机械设备。

（2）液压式启闭机：通过对液压能的调节、控制、传递和转换达到开启和关闭闸门的一种专用机械设备。

（3）螺杆式启闭机：通过机械传动升降螺杆启闭闸门的机械设备。

（4）移动式启闭机：沿轨道行走的启闭机。包括门式启闭机、台车式启闭机和桥式启闭机等。

①门式启闭机：具有门型构架并能沿轨道移动的启闭机。

②桥式启闭机：具有桥型构架并能沿轨道移动的启闭机。

③台车式启闭机：安装在台车上能沿固定轨道移动的卷扬式启闭机。

（5）盘香式启闭机：不设置滑轮组，多根钢丝绳各自绕盘状卷筒多层缠绕成"盘香状"的启闭机。

2.1.2 相关术语

（1）启闭机的规格：启闭机的规格用额定启闭力和扬程表示。

（2）启闭力：启闭力是启闭机的额定容量，单位为 kN。启闭力是根据闸门的启门力、持住力和闭门力中的最大值来确定的。

（3）启闭机行程（扬程）：启闭机在启、闭闸门和起吊、安放拦污栅时，启闭机吊点运动的最大距离。

（4）空载试验：启闭机在无载荷状态下进行的运行试验和模拟操作。

（5）静载试验：启闭机在 1.25 倍额定载荷状态下进行的运行试验和操作，主要目的是检验启闭机各部件和金属结构的承载能力。

（6）动载试验：启闭机在 1.1 倍额定载荷状态下进行的运行试验和操作，目的是检查起升机构、运行机构和制动器的工作性能。

（7）吊点：牵引构件与闸门相连接的装置。

（8）吊距：双吊点启闭机两吊点之间的距离。

（9）工作级别：启闭机按机构的设计寿命和载荷状态划分的等级，主起升机构的工作级别为启闭机的工作级别。

（10）启闭速度：闸门的开启速度和关闭速度。

（11）行走速度：移动式启闭机行走的运行速度。

（12）回转速度：门式启闭机的悬臂吊车的臂架旋转的角速度。

（13）起升机构：使闸门（或拦污栅）升降的机构。由电动机、制动器、减速装置等组成。

（14）运行机构：驱动启闭机的大、小车行走的机构。由电动机、制动器、传动装置、车轮、行走支承装置等组成。

（15）回转机构：使启闭机回转部分在水平面内转动的机构。由回转支承装置、驱动装置、极限力矩联轴器、制动器及传动元件等组成。

（16）制动器：使启闭机停止或防止其运动的装置。

（17）减速器：利用齿轮的速度转换，将电机的回转数减速到所要的回转数，并得到较大转矩的机械设备。

（18）联轴器：连接不同机构中的两根轴使之共同旋转以传递扭矩的机械零件。

（19）卷筒：在起升机构中用来缠绕钢丝绳将旋转运动转换为所需要的直线运动的装置。按卷筒的绳槽形式分为螺旋卷筒、折线卷筒。

（20）液压缸：输出力和活塞有效面积及其两边的压差成正比的直线运动式执行元件。

（21）活塞杆：通过做功并与闸门吊耳相连接的杆件。

（22）液压泵：为液压缸提供液压能的装置。

（23）载荷限制器：启闭机超过规定载荷能力时能自动断电的安全保护装置。

（24）行程限制器：启闭机达到设定行程时，能自动断电的安全保护装置。

2.2　启闭机的分类及基本参数

2.2.1　启闭机的分类

目前国内生产的启闭机的类型很多，可按以下特征进行分类：

（1）按操作动力可分为人力、电力、液力。

（2）按动力传送方式可分为机械传动和液压传动。机械传动又分为皮带传动、链条传动、齿轮传动和组合传动。液压传动可分为油压传动和水力传动。

（3）按启闭机的安装状况可分为固定式和移动式。

（4）按闸门与启闭机连接方式可分为柔性、刚性和半刚性连接。

（5）按闸门的特征类别分为平面闸门启闭机、弧形闸门启闭机和人字闸门操作机械等。通常也习惯以其综合的特征命名闸门的操作设备，如螺杆式启闭机、链式启闭机、卷扬式启闭机、液压式启闭机、台车式启闭机、门式启闭机等。

为了叙述方便，本教程根据启闭机的结构特征将启闭机分为固定卷扬式启闭机、螺杆式启闭机、液压式启闭机和移动式启闭机。

2.2.1.1　固定卷扬式启闭机

固定卷扬式启闭机用钢索或钢索滑轮组作吊具与闸门相连接，通过齿轮传动系统使卷筒缠绕以收放钢索从而带动闸门升降的机械，如图 2-1 所示，也叫做钢丝绳固定式卷扬机。其构造较简单易于制造，维护检修方便，广泛应用于各种类型闸门的启闭。卷扬式启闭机分为单吊点和双吊点两种。双吊点卷扬式启闭机是通过连接轴将两个单吊点的启闭机连接在一起进行同步运行，可做成一边驱动或两边驱动。

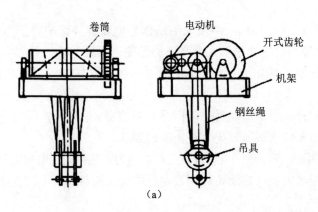

（a）

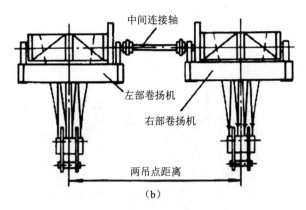

图 2-1　固定卷扬式启闭机

　　固定卷扬式启闭机由于在启闭力和扬程方面有宽广的适应范围,广泛用于靠自重、水柱或其他加重方式关闭孔口的闸门和要求在短时间内全部开启的闸门。卷扬式启闭机通常是一扇闸门用一台启闭设备,安装在高出闸门槽顶部的闸墩上。另外,固定卷扬式启闭机还可增设飞摆调速器装置,增加闭门速度,用于启闭快速事故闸门。国内已有 QP、QPK、QPG 等系列化产品。

　　卷扬式弧门启闭机主要用于操作露顶式弧形闸门,主要有两种型式。一种如图 2-2 所示,是吊点设置在面板前面的弧门启闭机的布置,为了适应弧门转动的需要,启闭机上一般不能采用滑轮装置,只能用单根或多根钢丝绳自卷筒引出并直接连到闸门吊耳轴上的方式。这一做法使该类弧门启闭机的起重容量受到较大的限制。如图 2-3 所示为另一种布置型式,吊点设置在门叶顶部或面板后面,直接采用平面闸门卷扬式启闭机替代或改装。还有一种被称为"盘香式启闭机"的型式,用于启闭大型弧门。

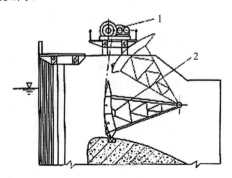

图 2-2　卷扬式弧门启闭机

1-卷扬式弧门启闭机;2-弧形闸门

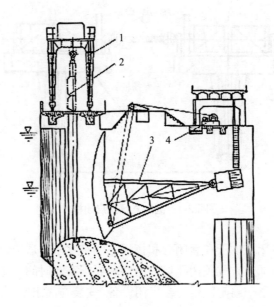

图 2-3　后拉式弧门启闭机和单向门式启闭机

1-单向门式启闭机；2-检修闸门；3-弧形工作闸门；4-后拉式弧门启闭机

目前在国内工程实践中，固定卷扬式启闭机容量及扬程较大的有：天生桥一级水电站放空洞事故闸门启闭机，容量达 2×4 000 kN，扬程为 125 m；小浪底水利枢纽工程中的 1×5 000 kN 启闭机，扬程为 90 m；凌津滩水电站闸坝工作闸门启闭机采用盘香式，启门力达 2×2 000 kN，扬程为 27 m。

2.2.1.2　螺杆式启闭机

螺杆式启闭机用螺纹杆直接或利用导向滑块、连杆与闸门门叶相连接，通过螺杆上下移动以启闭闸门的机械，如图 2-4 所示。螺杆支承在承重螺母内，螺母和传动机构（伞齿轮传动或蜗轮传动）固定在支承架上。接通电源或用人力手摇柄驱动传动机构，带动承重螺母旋转，使螺杆升降以启闭闸门。

螺杆式启闭机结构简单，坚固耐用，造价低廉，适用于小型平面闸门和弧形闸门，其启闭力一般在 200 kN 以下，500 kN 和 750 kN 大容量的螺杆启闭机也已生产，用于潜水孔平面闸门和弧形闸门的操作。

螺杆式启闭机的缺点是启闭力不能太大，速度较低，行程也受限制。在使用中，常因超载而使螺杆弯曲，所以电动螺杆启闭机应设行程限位开关，手动螺杆启闭机应设安全联轴节。

螺杆式启闭机主要用于需要下压力的闸门。大型的螺杆启闭多用于操作深孔弧门，但需设置可摆动的支承或设置导轨、滑块及铰接吊杆与闸门连接。小型螺杆式启闭机一般用手摇或手、电两用。

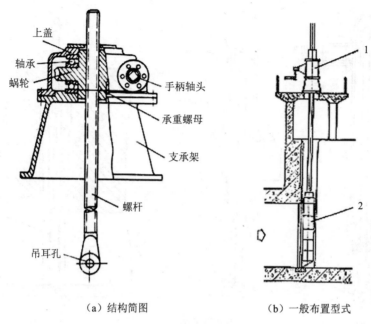

（a）结构简图　　　　（b）一般布置型式

图 2-4　螺杆式启闭机

1-螺杆式启闭机；2-闸门

2.2.1.3　液压式启闭机

液压式启闭机利用活塞杆与闸门连接，以液体压力做动力推动活塞使闸门升降。液体一般用机矿物油，故常称油压启闭机。压力油通过管道输送。液压式启闭机的主要部件有活塞杆、液压缸体、供排油管路系统及油泵电动机组等，如图 2-5 所示。按活塞杆受力状况分为单向作用液压式启闭机与双向作用液压式启闭机。闸门能依靠自重下降实现关闭，可选用单向作用的液压式启闭机；闸门依靠自重不能顺利下降，需在门体上部加压力才能关闭时，选用双向液压式启闭机，双向液压式启闭机各部件受力状况、液压操作系统均较复杂，但布置较紧凑，又可省去闸门下降所需的附加重量（如加重块），多用于潜孔高压闸门的操作。

液压式启闭机机体结构简单，占地面积小，传动平稳，控制方便，制造精度高，广泛用于启闭各类形式的闸门。

近年来，由于机械制造工艺水平和液压元件系列化、标准化水平的提高，采用液压式启闭机的趋势在国内外都是明显的，所以液压式启闭机的地位越来越高。

目前国内已有 QPPY、QPKY、QHLY 等系列化液压式启闭机。

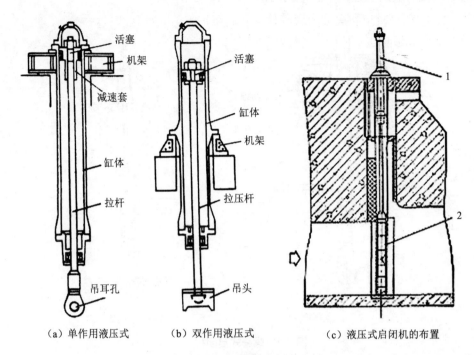

图 2-5 液压式启闭机

1-液压式启闭机；2-闸门

  液压式启闭机启闭力可以很大，但扬程却受加工设备的限制。双向作用的油压启闭机，多用于操作潜孔平面闸门和潜孔弧门，用于操作潜孔弧门时，需设置可转动支座或设置导轨、滑块及铰接吊杆与闸门连接。

  前苏联在电站应用的液压式启闭机，启门力达 9 000 kN，下门力达 11 100 kN。目前国内工程实例中，液压式启闭机容量较大的有：五强溪水电站表孔弧形闸门液压式启闭机，启门力为 2×3 850 kN，行程为 12.5 m；岩滩水电站进水口快速闸门启闭机容量为 8 000/6 000 kN（持住力/启门力），行程为 16.9 m。

2.2.1.4 移动式启闭机

  移动式启闭机沿专铺设的轨道移动，并能逐次升降数个排或列布置的闸门的机械设备，实行一机多门的操作方式，其起升机构多用卷扬式，还配置有水平移动的运行机构。移动式启闭机类型有：

  （1）按吊具移动的方向分为单向移动启闭机和双向移动启闭机。前者吊具仅沿坝面线左右移动；后者不仅沿坝轴线方向左右移动，而且也能在上、下游方向移动。

（2）按移动机架状况分为台车移动式启闭机与门式移动式启闭机（亦称门式启闭机、门式起重机）。前者主提升机构设置在底部装行走车轮的平面构架式台车上；后者主提升机构设置在装有行走车轮的门形构架上，其结构和布置如图 2-6 所示。

单向移动式启闭机的主提升机构直接紧固在台车或门形构架的上平面上；双向移动式启闭机的主提升机构设置在台车或门形构架上平面的小车上，小车沿轨道行走的方向与台车或门形构架的移动方向成垂直。通常也称双向移动式的台车或门形构架为大车架。台车式移动启闭机通常行走在闸门门槽顶部平面或平面以上的混凝土排架上，门式移动启闭机仅行走在闸门门槽顶部平面上。门式启闭机门架腿上有时也设置回转式悬臂吊钩以便起吊其他设备，从而构成多用途门形移动式启闭机。

国内已生产的移动式启闭机，主提升吊具启门力达 5 000 kN，跨度为 24 m，升程为 140 m。前苏联萨扬舒申斯克水电站移动式启闭机启门力达 7 100 kN，升程为 17.5 m。

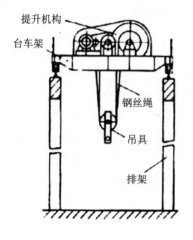

（a）台车式移动启闭机

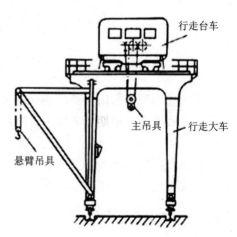

（b）门式移动启闭机

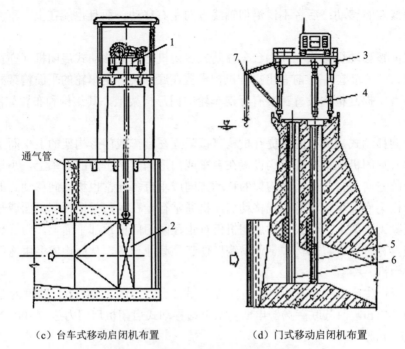

（c）台车式移动启闭机布置　　　　（d）门式移动启闭机布置

图 2-6　移动式启闭机的结构及其布置

1-台车式启闭机；2-检修闸门；3-双向门式启闭机；4-吊杆；

5-工作闸门；6-检修闸门门槽；7-回转吊具

　　除了上述类型的启闭机外，还有链式启闭机和连杆式启闭机等，其中链式启闭机采用片式链条，早期主要用于露顶式工作闸门上。为防止链条在启门过程中与水接触，需设置收链装置，链式启闭机因机构复杂，自重大，未能推广使用。连杆式启闭机主要用于人字闸门上，主要采用连杆机构传动，布置方式复杂，需要较大的安装位置，近年来逐渐被卧式液压式启闭机所取代。

2.2.2　启闭机的基本参数

　　启闭机的基本参数主要包括：启闭力、闸门开启或下降（关门）的牵引力或施加的压力、启闭行程、启闭速度、扬程、跨度、工作级别等。选择启闭机类型时，主要考虑以下因素：闸门形式、封口尺寸和运行条件，同型闸门孔口数量和闸门设置扇数，闸门起吊耳的个数，需要的启闭力、启闭行程和启闭速度，启闭机动力状况、设置地点、空间尺度和其他操作要求等，选择确定启闭机的类型和技术参数。

2.2.2.1 启闭力

启闭力是启闭机的额定容量,它相当于通用起重机的额定起重量,单位为 kN(千牛),如果是双吊点,则称 2×4 000 kN。启闭力是根据闸门的启门力、持住力和闭门力中的最大值来确定的。这 3 个力分别考虑了闸门在启门和闭门时在动水或静水条件下的自身重力、加重块重力、摩擦力、水柱作用力、下吸力、上托力等因素的力学关系。启闭机的额定启闭力应采用《水电水利工程启闭机设计规范》(DL/T 5167)和《水利水电工程启闭机设计规范》(SL 41)中规定的标准系列,见表 2-1。

表 2-1 启闭力系列 单位:kN

6.3	8.0	10	12.5	16	20	25	32	40	50
63	80	100	125	160	200	250	320	400	500
630	800	1 000	1 250	1 600	2 000	1 800	2 000	2 500	2 800
3 200	3 600	4 000	4 500	5 000	5 600	6 300	7 100	8 000	9 000
10 000	11 000	12 500							

2.2.2.2 启闭机的工作速度

(1)启闭速度

在启闭机的起升机构中,下降速度接近起升速度,只需标出起升速度即可。但是在快速下降闸门的启闭机,其下降速度和起升速度不同,故需分别标出启门速度和闭门速度。螺杆式启闭机启闭速度一般为 0.2～0.5 m/min;卷扬式启闭机启闭速度一般为 1～2.5 m/min;液压式启闭机启闭速度宜为 0.2～1.0 m/min;快速门液压式启闭机闭门速度在接近底槛时不宜大于 5 m/min。

(2)运行速度

移动式启闭机的运行速度,大车一般为 10～25 m/min,小车由于行走距离非常有限,一般为 5～10 m/min。

(3)旋转速度

通常只限于门式启闭机的悬臂吊车,旋转角度有限,故旋转机构驱使臂架旋转速度控制在 0.5 r/min 左右。

启闭机的工作速度应采用 SL 41 规范中规定的标准系列,见表 2-2。

表 2-2 SL 41 中规定的速度系列 单位:m/min

0.2	0.3	0.5	0.8	1	1.25	1.6	2
2.5	3.15	4	5	6.3	8	10	12.5
16	20	25					

2.2.2.3 扬程

扬程是指启闭机的吊钩在闸门安装检修或运行过程中升降的最大高度，与通用起重机械的起升高度是同一概念。对于弧形闸门，则以吊钩在两个极限位置时，起重元件长度的差值为定义。对于门式启闭机，其扬程包括轨上扬程和轨下扬程。启闭机的扬程应根据闸门的运行条件决定，应采用 SL 41 规范中规定的标准系列，见表2-3。必要时可考虑用拉杆驳接以减小启闭机的扬程。

表2-3　SL 41 中规定的扬程系列　　　　　　单位：m

1.0	1.25	1.6	2	2.5	3	3.5	3.8	4	4.5	5	5.5	6
6.5	7	7.5	8	8.5	9	9.5	10	10.5	11	12	13	14
15	16	18	20	22	24	26	28	30	32	34	36	38
40	45	50	55	60	65	70	75	80	90	100	110	120
130	140	150										

2.2.2.4 跨度

跨度是指移动式启闭机的大车两侧行走轨道中心线之间的距离，通常就是启闭机的轨距，但在弧形轨道上运行的启闭机有细微的差别，所以弧形轨道应标明最小弯曲半径。启闭机的轨距单位为 m。应采用 SL 41 规范中规定的标准系列，见表2-4。

表2-4　SL 41 中规定的移动式启闭机跨度系列　　　　　　单位：m

2.5	3	3.5	4	4.5	5	5.5	6	6.5	7	7.5	8	8.5	9
9.5	10	11	12	13	14	15	16	17	18	19	20	22	24

2.2.2.5 吊点间距

对于双吊点启闭机而言，由闸门上两个吊点的布置情况来确定。它等于起吊闸门在最高位置时，两个取物元件之间的水平间距，单位为 m。一般为闸门两个吊耳之间的距离。

2.2.2.6 工作级别

启闭机和通用起重机械一样，是一种循环间隔性工作的机械。除液压式启闭机外，启闭机机构的工作级别按机构的设计寿命和荷载状态划分为 4 级（表2-5）。主起升机构的工作级别就是启闭机的工作级别。启闭机工作级别举例见表2-6。

表 2-5　启闭机机构的工作级别

工作级别	总设计寿命/h	荷载状态
$Q1$-轻	800	不经常使用，且很少启闭额定荷载
$Q2$-轻	1 600	
$Q3$-中	3 200	有时启闭额定荷载，一般启闭中等荷载
$Q4$-重	6 300	经常启闭额定荷载

表 2-6　启闭机工作级别举例

启闭机型式			工作级别
卷扬式启闭机	启闭检修闸门		$Q1$-轻
	启闭事故闸门	扬程<40 m	$Q1$-轻～$Q2$-轻
		扬程≥40 m	$Q2$-轻～$Q3$-中
	启闭工作闸门	扬程<40 m	$Q2$-轻～$Q3$-中
		扬程≥40 m	$Q3$-中～$Q4$-重
螺杆式启闭机	启闭事故闸门		$Q1$-轻～$Q2$-轻
	启闭工作闸门		$Q2$-轻
链式启闭机	启闭工作闸门		$Q2$-轻～$Q3$-中
移动式启闭机	扬程<40 m		$Q1$-轻～$Q3$-中
	扬程≥40 m		$Q2$-轻～$Q4$-重

2.2.2.7　启闭机型式及规格划分

根据水利部《管理办法》规定，启闭机的型式分为螺杆式启闭机、固定卷扬式启闭机、移动式启闭机和液压式启闭机；启闭机的规格划分为小型、中型、大型、超大型四个规格。具体划分标准见表 2-7。

表 2-7　启闭机产品型式及规格划分

型式	规格	启闭力（以单吊点计）/kN
螺杆式	小型	$Q\leq250$
	中型	$250<Q\leq500$
	大型	$Q>500$
固定卷扬式	小型	$Q\leq500$
	中型	$500<Q\leq1\,250$
	大型	$1\,250<Q\leq3\,200$
	超大型	$Q>3\,200$

型式	规格	启闭力（以单吊点计）/kN
移动式 （含门式、桥式和台车式）	小型	$Q \leq 500$
	中型	$500 < Q \leq 800$
	大型	$800 < Q \leq 2\,500$
	超大型	$Q > 2\,500$
液压式	小型	$Q \leq 800$
	中型	$800 < Q \leq 1\,600$
	大型	$1\,600 < Q \leq 3\,200$
	超大型	$Q > 3\,200$

2.3 启闭机的工作特点

启闭机是一种专门用来启闭水工建筑物中的闸门或拦污栅用的起重机械，它与其他工程上通用的起重机一样，是一种循环间隔吊运机械。但作为特种用途的起重机械，启闭机还具有其独特的地方，主要表现在工作荷载变化大、启闭速度低、双吊点要求同步、可靠性要求高等方面。

（1）荷载变化大。闸门承受的水压力是随门叶移动而变化的，因此，闸门启闭机的载荷是在不断变化的，变化幅度很大且非常不均匀。例如，当闸门下落关闭时，作用在启闭机挠性构件上的载荷有可能下降为零，也就是说闸门及其附件的重力不足以克服摩擦阻力，需要添加配重或者采用刚性杆件施加闭门力把闸门压下去。而有时闸门提升过程中因意外原因出现卡阻，最大载荷有可能超过原先设计的额定载荷。

（2）启闭速度低。多数启闭机工作速度是很小的，一般为 1～2 m/min，通常启闭速度不超过 5 m/min，有的甚至只有 0.1 m/min。

（3）工作级别较低，但要求绝对可靠。除一些泄洪用的闸门在特定时期内启闭较频繁外，其余的闸门都比较少操作，因此启闭机工作级别一般较低。但是它在水工建筑物上的重要性却很高，要求运行绝对可靠，平时要特别注意启闭机的保养维护。

（4）双吊点要求同步。多数闸门，特别是大跨度闸门上具有两个吊点，所以这类闸门的启闭机具有两套额定容量相同的起升机构，为保证闸门的顺利启闭，就要求保证双吊点同步。双吊点同步要求是液压闭机应用中的一个重要课题。

（5）要适应闸门运行的特殊要求。例如快速事故闸门，要求快速闭门，但并不需要快速启门，因此启闭机要求具有两种速度。

3 水利工程启闭机使用许可管理的组织机构与职责

3.1 启闭机使用许可的主管机构

《管理办法》明确由国务院水行政主管部门负责启闭机生产及使用许可的实施和监督管理工作。其主要职责是：

(1) 负责制定并颁布《水利工程启闭机使用许可管理办法》；

(2) 发布《水利工程启闭机使用许可管理办法实施细则》；

(3) 制定并发布启闭机使用许可工作有关的规章和规范性文件；

(4) 负责受理企业提出启闭机使用许可证的申请；

(5) 对启闭机使用许可申请事项做出是否准予许可的决定；

(6) 发布获证企业的公告；

(7) 对启闭机使用许可办事机构、检测机构及其工作人员进行监督管理；

(8) 对启闭机使用许可制度的实施情况进行监督管理；

(9) 受理启闭机使用许可工作的有关投诉，处理启闭机使用许可有关争议事宜。

3.2 启闭机使用许可工作的具体办事机构

《实施细则》明确，受水利部委托，由水利部产品质量监督总站（以下简称"质监总站"）承办水利工程启闭机使用许可的具体工作，具体职责包括：

(1) 起草《水利工程启闭机使用许可管理办法实施细则》并报国务院水行政主管部门发布；

(2) 组织《水利工程启闭机使用许可管理办法实施细则》的宣传贯彻；

(3) 跟踪启闭机产品的国家标准、行业标准以及技术要求的变化，及时对实施细则进行修订，并报国务院水行政主管部门发布；

（4）负责启闭机使用许可证申请材料的初步审查；

（5）承担企业实地核查工作，提出实地核查情况报告；

（6）办理是否许可的决定、公示、公告等相关事宜；

（7）办理启闭机使用许可实施过程中举报的核实、处理；

（8）办理启闭机生产及使用许可实施情况的监督检查。

3.3　启闭机使用许可的产品检验机构

根据《管理办法》的规定，产品质量检测由按照《水利工程质量检测管理规定》取得金属结构类甲级资质的水利工程质量检测单位来承担。质量检测单位应当根据《管理办法》和《实施细则》的相关规定，按照有关标准和要求抽取样机，在规定时间内完成检验工作，出具产品检验报告，并对产品质量检测报告负责。

检测机构和检测人员应当客观、公正、及时地出具检测报告。产品检测报告是判断企业核查是否合格的重要依据。产品质量检测报告的客观、公正、及时与否，不仅直接关系到企业审查是否合格、能否获得启闭机使用许可证的问题，也关系到启闭机使用许可工作本身的科学性、公正性。

3.4　启闭机使用许可证核查人员

启闭机使用许可证核查人员是指在实施水利工程启闭机使用许可制度过程中，从事申请企业实地核查的人员。核查人员包括水利工程启闭机使用许可证审查员和技术专家。

3.4.1　审查员的资质管理

水利工程启闭机使用许可证审查员主要是对启闭机生产企业的条件是否符合《管理办法》和《实施细则》的要求、是否具备持续生产合格产品能力进行实地核查。审查员掌握着生产企业能否获得启闭机使用许可证的第一手材料，审查员素质、能力等方面的高低，决定着水利工程启闭机使用许可证核发工作的公平、公正和严肃性，关系到水利工程的安全乃至国家和人民的切身利益。产品质量监督总站对审查员实施资质管理。

凡符合《水利工程启闭机使用许可证审查员管理办法》中的资格条件且申请从事核查工作的人员，须参加质监总站组织的培训，并且通过考核合格后，由质监总站颁发《水利工程启闭机使用许可证审查员证书》，证书有效期为 5 年。审查员取得资格证书后，方可从事启闭机使用许可证实地核查工作。

审查员证书是核查人员从事企业实地核查时证明其具备核查人员资质的有效证件，企业有权拒绝无证人员进行实地核查。审查员证书持有者应当妥善保管证书，证书遗失或者损毁，应当及时向质监总站提出补领申请。

技术专家是根据实地核查工作的需要，为实地核查提供技术支持的有关技术人员。技术专家应具有企业所申请相关产品的专业技术知识和丰富的实际工作经验。技术专家参加企业实地核查时不作为审查组成员，不参与做出审查结论。

3.4.2　审查员的纪律和义务

（1）应服从质监总站的审查工作安排，认真履行各项职责；

（2）应当严格按照《管理办法》和《实施细则》的规定开展企业实地核查；

（3）应当向被核查企业出示相关证件；

（4）忠实于审查目的，公正客观地获取相关证据，作出合理的结论；

（5）不得刁难企业，不得索取、收受企业的财物，不得谋取其他不正当利益；

（6）审查组实行组长负责制，审查员应服从组长指挥，统一行动；

（7）遵守审查员行为规范，遵守职业道德，不徇私情，不得擅自改变审查组的决定；

（8）严格保密制度，不得将审查组内部意见泄露给企业，不得将企业的技术、工艺等商业秘密透露给第三方。

4 水利工程启闭机使用许可证核发的程序

4.1 启闭机使用许可证核发程序

水利工程启闭机使用许可证核发程序主要包括:

(1) 企业申请;

(2) 资料初审;

(3) 决定是否受理企业申请;

(4) 企业实地核查;

(5) 产品检测;

(6) 申报资料汇总及审查;

(7) 公示、批准与发证(或不予行政许可决定书)。

水利工程启闭机使用许可证的有效期为 5 年。启闭机使用许可证有效期届满,需要延续的,应当在距有效期届满 60 个工作日前向国务院水行政主管部门提出申请。质监总站组织复查换证,复查换证程序与启闭机使用许可证核发程序一致。

4.2 企业申请

4.2.1 申请人范围

凡在我国境内从事水利工程启闭机产品制造的企业,均应向国务院水行政主管部门申请取得水利工程启闭机使用许可证。

企业未取得水利工程启闭机使用许可证的,不得参加水利工程启闭机的投标,其生产的启闭机禁止在水利工程中使用。

4.2.2　申请水利工程启闭机使用许可证的基本条件

依照《管理办法》第五条规定，申请水利工程启闭机使用许可证，应当具备下列条件：

（1）具有企业法人资格；

（2）具有相应的注册资金；

（3）具有与生产启闭机相适应的专业技术人员和特殊工种人员；

（4）具有与生产启闭机相适应的生产设备、工艺装备、计量器具和检测设备；

（5）具有有效运行的质量管理体系；

（6）启闭机产品质量达到有关技术标准的要求；

（7）法律、法规规定的其他条件。

4.2.2.1　对申请企业营业执照的要求

申请企业的营业执照应为合法有效的营业执照，营业执照经营范围应覆盖申请取证的产品，并且在有效期内。

对持有不能独立承担法律责任的非法人营业执照的，应由其上级法人单位与其一起申请，并承担相应的法律责任。

4.2.2.2　对企业注册资金的要求

见表 4-1。

表 4-1　企业注册资金要求

型　式	规　格	注册资金（≥）/万元
螺杆式	小型	50
	中型	100
	大型	300
固定卷扬式 移动式 液压式	小型	100
	中型	200
	大型	1 000
	超大型	2 000

4.2.2.3　对专业技术人员和特殊工种人员的要求

申请企业应当有与所生产产品相适应的专业技术人员和特殊工种人员。企业的人员素质是决定企业能否生产合格产品的重要因素之一。企业开展生产经营活动必须具有一定数量的专业技术人员和特殊工作人员。这些人员应掌握申请产品的专业基础知识，熟悉产品的质量特性和生产加工工艺技术要求，掌握产品的检验方法和标准，具备一定的质量管理知识和经验，能够满足相应岗位的专业能力要求。国家对从业人员或岗位有相应职业资格要求或其他方面规定的，还应符合相关规定。

对申请企业在专业技术人员和特殊工种人员的具体要求如下。

（1）专业技术人员，见表4-2。

表4-2　专业技术人员要求　　　　　　　　　　　　单位：人

| 型　式 | 规格 | 必备人数 | 工程师（含）以上 | | | 其他技术人员 |
			从事机械	从事焊接	从事电气	
螺杆式	小型	1	1			
	中型	2	2			
	大型	3	2			1
固定卷扬式 移动式	小型	2	1			1
	中型	4	2	1		1
	大型	8	3	1	2	2
	超大型	11	4	3	2	2
液压式	小型	2	1			1
	中型	5	2	1	1	1
	大型	8	2	2	2	2
	超大型	10	4	2	2	2

注：其他技术人员是指助理工程师、技术员和技师等。

（2）焊工，见表4-3。

表4-3　焊接操作人员要求　　　　　　　　　　　　单位：人

| 产品型式 | 产品规格 | 合格焊工人数及焊接方法 | | | 母材类别 | 焊接位置与试件类型 |
		总人数	焊条电弧焊或 气体保护焊	埋弧焊		
螺杆式	中、大型	2	2		Ⅱ类	PA（平焊）
固定 卷扬式	小型	2	2		Ⅱ类	PF（立焊）
	中型	3	3		Ⅱ类	
	大型	6	4	2	Ⅱ类	试件厚度大于 12 mm 的全位置合格焊工不少于 2 人
	超大型	10	6	4	Ⅱ类	
移动式	小型	3	3		Ⅱ类	试件厚度为 10～12 mm 的全位置合格焊工不少于 2 人
	中型	4	4		Ⅱ类	
	大型	10	8	2	Ⅱ类	试件厚度大于 12 mm 的全位置合格焊工不少于 2 人
	超大型	16	12	4	Ⅱ类	

产品型式	产品规格	合格焊工人数及焊接方法			母材类别	焊接位置与试件类型
		总人数	焊条电弧焊或气体保护焊	埋弧焊		
液压式	小型	2	2		Ⅱ、Ⅶ类与不锈钢类	管子外径认可范围满足产品需要,焊接位置为PF(管)
	中型	2	1	1		
	大型	3	2	1		
	超大型	6	3	3		

注: 板材全位置代号: PA、PC、PE、PF。

（3）无损检测人员（表4-4）。

表4-4　无损检测人员要求

型式	规格	无损检测人员最少数/人	无损检测专业资格证书与数量/个							
			超声检测		射线检测		磁粉检测		渗透检测	
			2级	3级	2级	3级	2级	3级	2级	3级
螺杆式	大型	2	1				1		1	
固定卷扬式、移动式	中型	2	1				1		1	
	大型	3	2				1		1	
	超大型	4	1	1	1		1	1	1	
液压式	中型	2	1				1		1	
	大型	3	2				1		1	
	超大型	3	1	1	1		1		1	

4.2.2.4 对生产设备、工艺装备、计量器具和检测设备的要求

启闭机生产企业应当具备与所生产产品相适应的生产条件和检验手段。实施水利工程启闭机使用许可制度的一个重要目的就是要保证启闭机生产企业具有持续稳定生产质量合格产品的能力，能够通过必要的检验手段识别出其生产产品的质量状况。启闭机生产和检测的能力主要包括生产所需的环境、场所、生产设备、工艺装备、计量器具和检测设备等。企业要根据申请产品型式规格的具体要求，配备相应的生产设备、工艺装备、计量器具以及检验设备，并且保证其数量、规格、能力范围、精度等能够符合生产工艺及检验的要求。对企业必备的生产设备、工艺装备、计量器具及检测设备的具体要求，在《管理办法》的附件中予以明确规定。

4.2.2.5 对申请企业质量管理体系的要求

申请企业应当有健全有效的质量管理体系，这也是企业长期稳定生产合格产

品的基础。申请企业为了提高企业质量管理水平，应结合本单位情况和申请产品的生产技术管理要求，不断完善企业质量管理体系，制定相关的管理制度和责任，用制度来指导、规范各方面的管理行为，减少人为因素的影响。企业管理制度和文件应该明确每个工作岗位的质量职责和活动程序，以此作为岗位考核的依据，同时必须在企业中得到有效的贯彻落实，并能在相关的质量记录中得到体现。对申请企业的质量管理体系的要求，在《管理办法》的附件中予以具体规定。

4.2.2.6　启闭机产品质量达到有关技术标准的要求

实施水利工程启闭机使用许可制度的根本目标是保证启闭机产品质量，确保在水利工程中使用的启闭机安全、可靠。产品标准是对产品结构、规格、质量、检验方法所作的技术规定。产品标准是判断产品合格与否的最主要的依据之一。

启闭机生产企业制造的启闭机应符合国家或行业的相关技术标准。企业对产品的检测结果和所委托的检测机构所做的检测结果的各项指标必须满足相关标准的要求。对产品质量的要求，在《实施细则》中予以明确规定。

4.2.3　企业申请

按照《管理办法》第六条规定，申请水利工程启闭机使用许可证，应当提交以下申请材料：

（1）申请书（一式两份）；

（2）企业法人营业执照复印件；

（3）专业技术人员、特殊工种人员名单；

（4）主要生产设备、工艺装备、计量器具和检测设备清单；

（5）质量管理体系相关材料；

（6）生产的启闭机在水利工程中使用的情况。

申请人应当在申请书中明确所申请使用许可证的启闭机产品的型式和规格；申请两种以上型式的，可以一并提出申请。启闭机产品的型式和规格划分见《管理办法》附件。

申请人应当如实提交有关材料，并对申请材料的真实性负责。

4.2.3.1　申请书获取与申报途径

《水利工程启闭机使用许可证申请书》是企业申请启闭机使用许可证的专用表格，申请企业不得修改申请书格式。企业申请水利工程启闭机使用许可证可在水利部网站（www.mwr.gov.cn）或质监总站网站（www.wpqs.net）下载。每申报一种产品型式需单独填写申请书。

企业申报时需填写申请书一式两份（电脑 A4 纸打印），寄送至质监总站。同时通过水利部网站（http://www.mwr.gov.cn/zxfw）进行网上申报。

4.2.3.2　申请书填写

申请书填写要求内容正确、真实，每个栏目均应如实填写，不得涂改，对已填报项目确有需要更改时，要重新申报。

凡申请书填写不符合要求的，受理单位在审查申请书时，应要求企业补正。凡弄虚作假的，一经发现，依照《管理办法》及相关法律法规从严处理。在填写申请书时应注意以下几点：

（1）封面填写

申请企业填写产品型式及规格时应按照《管理办法》附件中的启闭机产品的型式及规格划分标准如实填写。

企业名称应与企业营业执照上的注册名称一致，并加盖公章。

（2）企业基本情况填写

企业填写申请书中的企业基本情况时应注意以下几点：

① 企业名称、住所、营业执照注册号、经济类型、注册资金、法定代表人应与企业营业执照一致；

② 生产地址应填写申请企业实际生产场地的详细地址，要注明省（自治区、直辖市）、市（地）、区（县）、路（街道、社区、乡、镇）、号（村）等；

③ 已获得启闭机使用许可证的情况，应填写企业已经获得的所有启闭机使用许可证且证书尚在有效期内的情况。

（3）专业技术人员情况

本申请书中的专业技术人员是指经质监总站集中培训且考核合格的人员，分为机械、焊接、电气三个专业。企业在填写申请书时应按照《管理办法》附件规定的各型式及规格产品所要求的专业技术人员人数进行填写。

（4）特殊工种人员情况

本申请书中的特殊工种主要包括焊工和无损检测人员。焊工是指经水利部焊工考核委员会指定的培训机构培训，且考试合格后取得相应证书的人员。

无损检测人员是指经相关培训机构培训且考试合格，取得国家无损检测学会颁发的相关资格证书的人员。

焊工和无损检测人员的专业、级别及具体人数要求应依照《管理办法》附件规定进行如实填写。

（5）主要生产设备和工艺装备明细表

企业应根据所申请的启闭机类型，依照《管理办法》附件规定的主要生产设备和工艺装备要求进行如实填写。

设备名称和规格型号必须与设备的铭牌相一致，设备编号和技术状态须与设备的标识及企业设备管理台账相一致。技术状态一般分为完好、待修和报废三种，按照设备、工装的实际状态填写。

（6）主要计量器具和检测设备明细表

企业应根据所申请的启闭机类型，依照《管理办法》附件规定的主要计量器具和检测设备要求进行如实填写。

器具（设备）名称和规格型号必须与器具（设备）的铭牌相一致。器具（设备）编号应与企业计量器具和检测设备管理台账以及设备上的编号相一致。检定情况应与具有检定资格的相应技术监督部门出具的检定证书相一致。

（7）企业外协、外购情况

企业应如实填写主要外协件和外购件的名称、合同号以及供方单位名称，应与企业合格供方名录相符。供方单位如不在质监总站公布的合格供方目录中，应督促供方及时向质监总站申请列入合格供方目录中。具体申请及审批程序依照《合格供方动态目录管理办法》执行。

（8）企业生产情况

企业应如实填写近三年的产值和利润。企业实际生产期未满三年的，该指标按企业实际填写。

（9）其他申请材料

根据《实施细则》的要求，企业在申请启闭机使用许可证时除提供申请书外，还须提供其他若干材料，如：

① 工商行政管理部门核发的营业执照（复印件）（加盖企业公章）；

② 换证或产品型号升级的企业需提供原使用许可证证书（复印件）（加盖企业公章）；

③ 专业技术人员、特殊工种人员应分别提供相应证书复印件。

4.3 企业申请受理

质监总站在收到企业申请后，对企业申请材料进行审核，作出是否准予受理企业申请的决定，不得无故拒绝受理企业申请。

4.3.1 企业申请材料的审核

对企业申请材料的要求是：企业申请资料完整，符合《管理办法》及《实施细则》的要求。

受理单位对企业申请材料审核的主要内容是：

（1）申请书是否按要求填写正确；

（2）企业名称填写、企业公章、企业营业执照名称、相关附件是否一致；

（3）企业营业执照中的经营范围应包含申请取证产品，营业执照应经过工商管理部门年检且在有效期内；

（4）专业技术人员和特殊工种人员专业类别及数量符合申请产品型式的要求，且证书在有效期内，发证机构符合要求；

（5）主要生产设备及工艺装备符合《管理办法》的要求；

（6）主要计量器具和检测设备符合《管理办法》的要求；

（7）《实施细则》要求具备的资料是否齐备。

4.3.2　企业申请的处理

质监总站收到企业提出的申请后，有以下三种处理结果：

（1）予以受理

对申请材料完整、内容符合《管理办法》及《实施细则》要求的，准予受理，并向申请人出具受理决定书。

（2）不予受理

对申请材料不符合《管理办法》及《实施细则》要求的，应当做出不予受理的决定，并自收到申请之日起 5 个工作日内向企业发出《行政许可申请不予受理决定书》。

出现以下情况，企业申请不予受理：

① 依据《管理办法》第二十一条的规定，企业隐瞒有关情况或者提供虚假材料申请水利工程启闭机使用许可证的，经主管机关查实后，应不予受理，并给予警告，申请人在 1 年内不得再次申请；

② 依据《管理办法》第二十二条的规定，以欺骗、贿赂等不正当手段取得水利工程启闭机使用许可证的，由国务院水行政主管部门撤销许可证，申请人在 3 年内再次提出申请的，不予受理。

（3）要求补正

对申请材料不完整、不符合法定形式、不符合《管理办法》及《实施细则》的要求但可以通过补正达到要求的，应当场或者在 5 个工作日内一次性告知申请人需要补正的全部内容。

企业提交的申请材料不符合要求的，质监总站可以要求企业进行补正。补正主要有以下两种形式：

① 申请材料存在可以当场更正的错误的，质监总站应当允许申请人当场更正，以减少当事人往返劳顿，节约社会资源，提高工作效率；

② 申请材料不完整或者不符合法定形式不能当场补正的，质监总站应当当场或者在 5 个工作日内一次性告知申请人需要补正的全部内容，要求企业提供完整的、符合法定形式的材料。质监总站接收申请材料起 5 个工作日内未履行告知义务的，应视为自收到申请材料之日起即予以受理。

4.4 水利工程启闭机使用许可证审查

对申请启闭机使用许可证的审查工作是水利工程启闭机使用许可证核发工作的核心内容，审查工作包括企业实地核查和产品检测，其中一项不合格即判定企业审查不合格。

4.4.1 企业实地核查

质监总站在收到企业申请书及相关材料后，通过对申请材料的初步审核，决定是否受理企业申请。在确定受理企业申请后，应组织对企业进行实地核查，实地核查主要包括两部分内容：一是企业基本条件核查；二是企业质量管理体系核查。实地核查工作应自受理申请之日起 20 个工作日内完成。

企业实地核查主要有以下几个步骤：

（1）委派核查任务，确定核查组组长，编制核查计划。质监总站确定核查组组长，并向其委派核查任务。核查组组长应由富有审查经验和组织能力的审查员担任。核查组组长负责编制企业实地核查工作计划。企业实地核查工作计划是指为保证实地核查工作顺利进行，根据企业规模、产品复杂程度、企业分布情况等制订的计划，包括拟核查的产品型式与规格、企业名称、核查组人员的组成以及核查日期等。

（2）组织核查组。企业实地核查组由水利工程启闭机使用许可证审查员和技术专家组成。核查组根据企业规模、产品复杂程度、申请产品数量等确定人数，一般为 2～4 人。核查组实行组长负责制。

为保证企业实地核查工作质量，核查组应配备熟悉申请产品生产技术、工艺、设备，熟悉企业质量管理，熟悉产品检验等的专业人员。

（3）核查组组长向企业发出实地核查通知，并沟通确认。核查组组长应至少提前 3 日通知企业实地核查工作计划。

（4）核查组按实地核查工作程序开展实地核查工作。

（5）核查组向质监总站提交企业实地核查报告。

4.4.2　产品检测

企业实地核查合格的，质监总站应及时通知企业开展产品质量检测。企业应当自收到通知之日起 20 个工作日内提交产品质量检测报告。

产品质量检测由按照《水利工程质量检测管理规定》取得金属结构类甲级资质的水利工程质量检测单位承担。质量检测单位应当按照有关标准和要求抽取样机进行检测，出具产品质量检测报告，并对产品质量检测报告负责。

开展产品质量检测，企业应当向检测单位提供以下检测条件：

（1）受检产品。首次申请取证（含增加型式和提高规格）的，应在生产现场提供受检样机；申请换证的，由检测单位从近三年的产品中随机抽样。

（2）受检产品的设计图样和技术文件。

（3）受检产品的自检资料及外购件、外协件质量证明文件。

（4）受检产品的安装、使用说明书。

（5）在役设备作为受检产品时，应提供用户意见。

检测单位接到企业提出的产品质量检测申请后，应尽快按照《实施细则》要求的产品质量检测标准和产品质量检测项目内容完成产品质量检测，形成产品质量检测结论。检测完成后，检测单位应当出具产品质量检测报告一式三份，检测单位存档一份，向企业提交两份。

企业实地核查和产品检测的相关程序及内容在本教程第 5 章和第 6 章详细阐述。

4.5　资料汇总及审查、公示、批准、发证

4.5.1　资料汇总及审查

质监总站收到各实地核查组提交的实地核查报告以及企业提交的检测单位出具的产品质量检测报告后，应分类整理汇总。质监总站组织并召开专家审查会进行审查，审查会形成的结论将作为质监总站最终上报水利部审批的结论。汇总并提交审查会的资料主要包括：

（1）《水利工程启闭机使用许可证申请书》。

（2）企业营业执照复印件（加盖企业公章）。

（3）企业基本条件核查表、企业质量管理体系核查表及水利工程启闭机使用

许可证核查汇总表。

（4）产品质量检测报告。

（5）其他需要的材料。企业在办理启闭机使用许可证过程中，因名称变更导致上报材料中企业名称、住所名称、生产地址名称不一致的，应补充有关名称变更材料。

4.5.2　公示、批准与发证

质监总站根据专家审查会得出最终审查结论，对符合条件的在水利部网站进行公示，公示期一般为7个工作日。经公示无异议的，报水利部批准后，制作《准予水行政许可决定书》，向企业颁发水利工程启闭机使用许可证，并予以公告。使用许可证加盖"中华人民共和国水利部"公章，证书生效日期为作出准予许可决定的日期。使用许可证证书由质监总站打印，并发放给获证企业。

对不符合条件的企业，由水利部制作《不予水行政许可决定书》，并向企业说明理由。

4.5.3　获证企业名录公布

质监总站负责通过质监总站网站公布水利工程启闭机使用许可证获证企业名录，这不仅是获证企业的需要，也是加强监督管理，开展无证生产查处的需要。通过向全国水利行业公布启闭机获证企业名录，可以限制和制约无证企业的生产和销售，提高启闭机使用许可制度实施的有效性，保护获证企业的合法权益，维护正常的市场秩序。公布的内容主要包括：

（1）获证企业名称；

（2）获得使用许可证的启闭机型式和规格；

（3）企业住所；

（4）生产地址；

（5）启闭机使用许可证编号；

（6）发证日期及有效期。

4.6　启闭机使用许可证证书

水利工程启闭机使用许可证证书是国务院水行政主管部门颁发的，允许企业合法生产、销售启闭机的唯一证明文件。它分为正本和副本，均有国务院水行政主管部门的公章，具有同等法律效力。

启闭机使用许可证证书应当载明企业名称、住所、生产地址、产品型式和规格、证书编号、有效期等内容。

企业生产的启闭机出厂前应当经检验合格，并在产品包装、质量证明书或者产品合格证上标明使用许可证的编号及有效期。

任何单位和个人不得伪造、变造启闭机使用许可证证书和编号。取得使用许可证的企业不得涂改、倒卖、出租、出借或者以其他形式非法转让水利工程启闭机使用许可证。

5 企业实地核查工作程序

5.1 企业实地核查工作概述

企业实地核查是指由水利工程启闭机使用审查组织单位,委派有资格的审查员,依照《管理办法》和《实施细则》的要求,对企业申请取得水利工程启闭机使用证的条件进行实地核实、检查并予以评价的活动。

5.1.1 企业实地核查的目的

对启闭机使用许可证申请企业进行实地核查是水利工程启闭机使用许可管理工作的核心内容,其目的是确认申请企业是否具备持续稳定生产质量合格产品的能力,为启闭机使用许可主管部门作出正确决定并核发启闭机使用许可证书,提供客观、公正、准确、可靠的技术评价材料。

5.1.2 企业实地核查的依据

企业实地核查是一项政策性、技术性很强的核准评价工作,是水利工程启闭机使用许可核发工作的中心环节,核查人员必须严格依照各项有关法律法规、工作程序和技术标准开展工作。企业实地核查工作的主要依据包括:

(1)《水利工程启闭机使用许可管理办法》(水利部第 41 号令);

(2)《水利工程启闭机使用许可管理办法实施细则》(水事业[2011]77 号);

(3)相关技术标准;

(4)其他相关的法律法规。

5.1.3 企业实地核查的范围和主要内容

企业实地核查的范围包括与企业申请的所有产品的生产经营全过程所涉及的全部生产场所、相关部门和人员,以及所有生产设施和装备。

实地核查的主要内容：根据《实施细则》的有关规定，实地核查主要包括两部分内容。一是企业基本条件核查，核查内容包括企业法人资格、注册资金、人员条件、设备能力 4 方面。二是企业质量管理体系核查，核查项目分为：① 质量管理；② 技术管理；③ 生产过程管理；④ 销售服务；⑤ 计量管理；⑥ 物资管理。共 6 大项 9 条 34 子项。

5.2　企业实地核查的准备工作

核查组组长从质监总站接受实地核查任务后，标志着实地核查工作的正式开始，首先应做好实地核查的各项准备工作。企业实地核查准备工作是整个核查活动的开始，对实地核查工作的顺利开展起到非常重要的作用。准备工作主要包括组成核查组、准备核查资源、编制核查计划、召开核查组预备会议等工作。

5.2.1　组成核查组

水利工程启闭机实地核查工作具有较强的政策性、技术性和专业性，因此参加实地核查的人员必须是经过质监总站培训、考试，取得审查员资格的人员以及有关方面的技术专家。审查组的组成人员可以是审查组织单位的审查员，也可以是来自管理部门、检测机构、科研机构、大专院校等的启闭机使用许可证审查员，但是与企业有直接利益关系的人员应予以回避。

核查组一般由 2～4 名审查员和技术专家组成。为保证企业实地核查工作质量，核查组应配备熟悉该产品生产技术、工艺、设备，熟悉企业质量管理，熟悉产品检验等的专业人员，应考虑审查员之间的知识互补，采用有质量管理经验的专业人员和有专业知识的质量管理人员承担技术性强、专业性强的审查工作。

核查组实行组长负责制，核查组组长应由富有审查经验和组织能力的审查员担任。审查员是核查组的正式组成人员，对审查结论负责。技术专家是具有专业技术知识和丰富的实际工作经验的专业技术人员。技术专家参加企业实地核查时，可以为实地核查工作提供技术支持，不作为核查组成员，不参与审查结论的决策。

5.2.2　准备核查资源

企业实地核查前，核查组组长应根据工作需要准备或安排核查组的其他审查员准备相关的资源，主要有：

（1）《管理办法》和《实施细则》；

（2）企业实地核查作业指导书；

（3）产品技术标准；

（4）实地核查工作计划；

（5）实地核查工作通知书；

（6）企业意见反馈表；

（7）《水利工程启闭机使用许可实地核查表》；

（8）企业提交的《水利工程启闭机使用许可证申请书》及其他材料。

5.2.3 编制实地核查工作计划

核查组组长在接受实地核查任务后，应编制实地核查工作计划，并至少在现场实地核查实施前 3 日与企业进行沟通和确认。实地核查工作计划主要包括以下内容：实地核查企业名称及联系人、申请产品规格和型式、实地核查工作时间安排、核查组成员组成及核查要素分工、核查组组长联系方式等。

编制核查工作计划时应注意整体规划、合理安排，保证实地核查工作的总体进度。同一个审查组负责审查的企业在时间和路途安排方面应尽量连贯，以节省费用、提高效率。实地核查的核查工作日应视工作量，即根据申请产品的复杂程度、申请产品型式的多少以及企业规模大小而定，核查工作日一般为 1～3 天。

5.3 企业实地核查工作的实施

5.3.1 召开首次会议

召开实地核查首次会议是审查组进入企业后的第一项活动，其目的是双方人员会面，形成实地核查的气氛，并就实地核查活动做出安排。首次会议参加人员一般为审查组全体成员、受核查企业的主要负责人、有关职能部门和生产车间的负责人等。参加首次会议的全体人员应在签到表上签字。

首次会议由审查组组长主持。会议内容主要包括：双方人员介绍；明确核查日程安排和审查组成员分工；向企业说明实地核查的目的、依据、范围、主要内容、核查方法、工作要求和工作纪律等；听取企业的基本情况和准备工作的介绍；说明实地核查评分方式和核查结论确定的原则。

5.3.2 现场核查

现场核查是核查组依照《管理办法》和《实施细则》的要求，运用抽样的方法寻找客观证据，对申请企业的基本条件进行核查并做出评价的一系列具体活动。

主要包括以下内容：

（1）生产现场参观。一般在首次会议后进行。通过对企业主要生产场地、设施设备等的参观，对企业生产设备设施、生产过程、现场管理等状况有比较全面的了解，以便在下一阶段有针对性地进行核查。

（2）核查组完成现场参观后，各审查员根据分工范围依照《管理办法》、《实施细则》和《水利工程启闭机使用许可审查员作业指导书》要求的核查项目和核查内容，对企业相应的基本条件和质量管理情况等逐一进行详细的检查和评价，按核查发现的实际情况做好记录，并依据《水利工程启闭机使用许可审查员作业指导书》对各个核查项目进行评分。

5.3.3 核查组内部会议

核查组内部会议一般在完成具体核查活动后召开。会议主要内容是：审查组成员介绍具体核查情况，主要介绍存在的问题；填写核查记录；讨论并确定核查结论；需向企业提出整改建议的应讨论形成书面意见。

如在核查过程中遇到以下特殊情况，核查组组长也可随时召开核查组内部会议：

（1）现场参观或现场核查时发现企业基本条件不满足《管理办法》的要求；

（2）现场核查中发现企业有严重弄虚作假的情况；

（3）审查员在实地核查过程中遇到自己不能继续审查的复杂问题，应及时向组长汇报，必要时可建议组长召开内部会议集体讨论。

5.3.4 核查情况沟通会议

现场核查活动完成后，在召开末次会议之前，就现场实地核查所发现的问题（主要指子项评分率达不到要求的项目）和实地核查结论等事宜，与企业的主要领导进行正式的沟通，听取企业领导的意见并得到其认同和确认。

审核情况沟通会议是确保核查结论客观、公正、科学、准确的好形式。必要的沟通可以减少实地核查工作的失误，避免在末次会议上出现不愉快的尴尬局面，使整个实地核查工作得以按计划圆满顺利完成。

5.3.5 末次会议

核查组在完成全部的核查活动、各子项及各项目的评分，并形成实地核查结论后，可召开末次会议。末次会议的参加人员与首次会议应基本一致。末次会议由核查组组长主持，内容主要有：重申实地核查工作的目的、依据和范围；通报核查情况和核查结论，介绍核查中发现的有关问题，要求企业整改的，要形成书面整改意见并说明跟踪验证方式；说明抽样的风险和核查结果的客观性、代表性；说明许可证标识、获证后的监督等有关事项，如实地核查结论为合格，则通知企业开展产品质量检测。

5.4 企业实地核查结果的上报

在企业生产现场实地核查过程中，核查组按照《实施细则》规定的核查项目、核查内容对启闭机使用许可证申请企业逐项进行核查、评分，并填写企业基本条件核查表、企业质量管理体系核查表。企业现场核查全部工作完成后，核查组应填写《水利工程启闭机使用许可证核查汇总表》。

企业实地核查工作结束后，核查组应在 5 个工作日内将全部核查资料进行整理后上报质监总站。核查组应提交如下核查资料：

（1）企业申请书及其他申请资料；

（2）企业实地核查记录；

（3）企业实地核查表；

（4）实地核查组织单位要求的其他材料（如企业业绩统计表、检测仪器鉴定记录等）；

（5）实地核查活动中形成的其他必要材料等。

6 产品检测

6.1 产品检验的基本规定

6.1.1 企业申请产品检测的必备条件

（1）相应的产品体系审查已确认通过；

（2）企业应当提供取证产品的设计图样及技术文件；

（3）企业应当提供产品自检资料及外购、外协质量证明文件；

（4）在役设备作为受检产品时，应当提供用户意见；

（5）产品符合有关国家标准、行业标准以及保障人体健康和人身、财产安全的要求。

6.1.2 产品抽样

（1）首次申请取证企业应在生产场地提供受检样机；

（2）换证企业可以在生产场地提供受检样机，也可以由检测机构从近三年的产品中随机抽样。

6.1.3 产品试生产

新取证的企业，在确认申请材料被受理后，所试生产的产品需经产品检测机构检测，并标明为试制品。

6.1.4 产品检测

（1）由企业自主选择检测机构进行现场检测，检测机构不得使用机构外人员进行现场检测；

（2）产品质量检测机构在收到质监总站对申请取证单位进行产品检测通知之

日起 3 个工作日内与申请企业取得联系，10 个工作日内派出产品检测组；

（3）产品检测组由 2~3 名取得相应资质的人员组成；

（4）产品检测时间一般为 1~3 天。检测组对企业产品检测结果负责，并实行组长负责制；

（5）产品检测组现场检测工作结束后 10 个工作日内，编写 3 份产品检测报告，检测单位存档 1 份；寄给申请企业 2 份，其中由企业上报质监总站 1 份；

（6）企业应当积极配合现场产品检测工作，如因非不可抗力原因拖延或拒绝现场检测的，按企业受检产品不合格处理，检测机构将检测结果上报质监总站；

（7）检测机构每个月将向质监总站上报的产品检测结果情况汇总一次。

6.1.5　产品检测标准

见表 6-1。

表 6-1　产品标准及相关标准

产品名称	产品标准	相关标准
螺杆式启闭机	《水利水电工程启闭机制造安装及验收规范》（SL 381—2007） 《QL 型螺杆式启闭机技术条件》（SD 298—88） 《水电水利工程启闭机制造安装及验收规范》（DL 5019—94T）	《低压电器外壳防护等级》（GB/T 4942.2—1993） 《低压电器基本标准》（GB/T 1497—1985） 《水利水电工程启闭机设计规范》（SL 41—2011）
固定卷扬式启闭机、移动式启闭机	《水利水电工程启闭机制造安装及验收规范》（SL 381—2007） 《固定卷扬式启闭机通用技术条件》（SD 315—89） 《水电水利工程启闭机制造安装及验收规范》（DL 5019—94T）	《低压电器外壳防护等级》（GB/T 4942.2—1993） 《低压电器基本标准》（GB/T 1497—1985） 《水利水电工程启闭机设计规范》（SL 41—2011） 《重要用途钢丝绳》（GB/T 8918—2006） 《起重机设计规范》（GB/T 3811—2008）
液压式启闭机	《水利水电工程启闭机制造安装及验收规范》（SL 381—2007） 《QPPY 系列液压式启闭机》（SD 207—87）	《低压电器外壳防护等级》（GB/T 4942.2—1993） 《低压电器基本标准》（GB/T 1497—1985） 《水利水电工程启闭机设计规范》（SL 41—2011） 《液压系统通用技术条件》（GB/T 3766—2001）

各种产品均涉及的焊接、防腐蚀、无损检测三个方面的相关标准：

《水工金属结构焊接通用技术条件》（SL 36—2006）、《水工金属结构防腐蚀规范》（SL 105—2007）、《无损检测人员资格鉴定与认证》（GB/T 9445—2005）、《无损检测　应用导则》（GB/T 5616—2005）、《金属熔化焊焊接接头射线照相》（GB 3323—2005）、《钢焊缝手工超声波探伤方法和探伤结果分级》（GB/T 11345—1989）、《中厚钢板超声波检验方法》（GB/T 2970—1991）、《钢锻件超声波检验方法》（GB/T 6402—1991）、《铸钢件射线照相及底片等级分类方法》（GB/T 5677—1985）、《无损检测　磁粉检测》（GB/T 15822.1～3—2005）、《无损检测　渗透检测》（GB/T 18851.1～3—2005）、《无损检测　焊缝磁粉检测及验收等级》（JB/T 6061—2006）、《无损检测　焊缝渗透检测及验收等级》（JB/T 6062—2006）

注：标准一经修订，企业应当自标准实施之日起按新标准组织生产，企业产品检测应当按照新标准要求进行。

6.1.6　产品质量检测项目

见表 6-2。

表 6-2　产品质量检测项目

产品名称	产品质量检测项目	
	生产场地样机	在役设备
螺杆式启闭机	螺杆直线度、螺杆螺纹表面粗糙度、螺母螺纹表面粗糙度、螺母缺陷*、螺杆螺母传动副运行状态、蜗杆齿面粗糙度、蜗杆缺陷*、蜗轮齿面粗糙度、蜗轮缺陷*、机箱和机座缺陷*、机箱接合面间隙、手摇机构试运转、电气回路绝缘电阻、电动机构试运行、电气设备性能、限位开关试验、电机运行状况	螺杆螺纹表面粗糙度、螺杆螺母传动副运行状态、机箱和机座缺陷*、机箱漏油情况、手摇机构试运转、电气回路绝缘电阻、设备运行试验、电气设备性能、限位开关试验、电机运行状况、荷载控制装置性能、双吊点同步性测试
固定卷扬式启闭机	卷筒壁厚、卷筒缺陷*、制动轮工作面粗糙度、制动轮制动面硬度、制动轮缺陷*、制动轮径向跳动、制动带与制动闸瓦的装配、开式齿轮缺陷*、开式齿轮齿面粗糙度、开式齿轮齿面硬度（包括小齿轮、大齿轮、齿轮副硬度差）、开式齿轮最小侧间隙、开式齿轮接触斑点（齿高与齿长两个方向）、调速器装配质量、各零部件的紧固性、钢丝绳规格、滑轮材料、滑轮裂纹*、滑轮装配后的灵活性、线路绝缘电阻、空载模拟试验、高度指示装置和载荷控制装置试验、电动机三相电流不平衡度、机械部件运转性能、制动器动作性能、电气设备性能、快速闸门启闭机制动器松闸电流、快速闸门启闭机制动器电磁线圈温度	卷筒缺陷*、制动轮工作面粗糙度、制动轮制动面硬度、制动轮缺陷*、制动轮径向跳动、制动带与制动闸瓦的装配、开式齿轮缺陷*、开式齿轮齿面粗糙度、开式齿轮齿面硬度（包括小齿轮、大齿轮、齿轮副硬度差）、开式齿轮最小侧间隙、开式齿轮接触斑点（齿高与齿长两个方向）、调速器装配质量、各零部件的紧固性、减速器密封性检查、线路绝缘电阻、设备运行试验、高度指示装置和载荷控制装置试验、电动机三相电流不平衡度、机械部件运转性能、制动器动作性能、电气设备性能、限位开关试验、快速闸门启闭机制动器松闸电流、快速闸门启闭机制动器电磁线圈温度

产品名称	产品质量检测项目	
	生产场地样机	在役设备
移动式启闭机	除固定卷扬式启闭机中的检测项目外，增加：主梁上拱度、主梁水平弯曲、悬臂端上翘度、桥架对角线相对差、门架高度相对差、车轮硬度、车轮缺陷*、车轮装配质量、运行机构空转试验	除固定卷扬式启闭机中的检测项目外，增加：主梁上拱度、主梁水平弯曲、悬臂端上翘度、车轮硬度、车轮缺陷*、大车行走性能、小车行走性能、运行噪声、限位开关试验、保护装置试验、导电装置性能
液压式启闭机	活塞杆导向段外径、活塞杆表面粗糙度、活塞杆镀铬层厚度、电气回路绝缘电阻、空载试验、油泵运行性能、液压缸运行性能、最低启动压力*、耐压试验*、外泄漏、内泄漏、电器元件、操作系统可靠性*、1.1倍工作压力排油检查	电气回路绝缘电阻、运行试验、耐压试验*、油泵运行性能、液压缸运行性能、外泄漏、电器元件、操作系统可靠性*、1.1倍工作压力排油检查、闭门动作、启门动作、自动纠偏

* 为关键检测项，其他为非关键检测项。

6.1.7　产品检验报告及说明（见附录 1）

6.1.8　产品质量检测判定与结论

　　检测单位根据表 6-2 中规定的项目进行检测，检测项目中的关键项目全部合格，非关键项目中螺杆式启闭机和液压式启闭机的不合格项不超过 2 个、固定卷扬式启闭机和移动式启闭机的不合格项不超过 4 个，且不合格项不影响设备的安全和使用性能时，该产品判定为合格。否则，判定为不合格。

6.2　产品检验过程注意事项

6.2.1　生产场地的产品检验

　　（1）产品的质量检测工作一般应在成品防腐涂装前进行，包括几何尺寸检测、焊接质量检测等，涂装质量检测在防腐涂装后进行。

　　（2）受检产品的检测工作必须在完成整体拼装后进行。受检产品应经受检企业检测达到合格水平，并满足表 6-2 中应检项目的要求。企业在交验产品时应附有不少于产品标准和图纸规定的检测项目的工厂检测记录、检验资料等文件，检测人员在对产品进行检测前，应对上述文件进行认真的审查，必要时应提出质疑。

（3）产品放置的场地应有坚实地平，无阳光直射，场地应清扫干净；在受检产品的周围至少应留有 1 m 的间隙，并有架设水准仪或经纬仪的位置；环境温度不低于 –10℃、不高于 35℃，环境噪声应不大于 70 dB（A），风力不大于 4 级，无雨雪。

（4）当受检产品必须从存放地点运至检测现场、而检测现场的环境温度与产品存放地的温度又相差 5℃以上时，应在检测前 4 小时将受检产品运到检测现场，所用的检测仪器、量具应在检测前 1 小时携至现场，以适应温度的变化。

（5）检测所使用的仪器、量具应是有绿色"合格证"或黄色"准用证"（使用的量程属检定合格）。

（6）检测开始前和检测完毕后，都应按仪器、量具规定的使用方法逐项进行性能检查，并把检查结果记录下来。

（7）若在检测开始前的检查中发现仪器、量具有异常，应进行校准和调整，使其恢复正常；若在检测完毕后的检查中发现仪器、量具有异常，应重新进行校准和调整，在其恢复正常后，重新开始检测。

（8）应按规定的方法正确使用仪器、量具。通常用钢卷尺作几何尺寸测量时，应按检定证书规定的值对钢卷尺施加拉力，进行测量读数，并注意对读数值进行修正（检测的实际尺寸＝钢卷尺读数值＋检定修正值）。

（9）受检产品应安放牢固、稳定，并经过调整校平。

（10）若在检测过程中发现首次测量尺寸超差或检测结果离散太大，应停止检测，重新检查安放及校平情况，检查检测仪器、量具是否有异常；在排除所有的异常后，方可再进行检测。

（11）若在检测过程中发现产品损坏、仪器或量具异常、照明断电、人身或设备发生事故等非常情况，应立即停止检测，进行妥善处理。

6.2.2 在役产品检验

（1）选定符合规格要求的在役产品作为受检产品。

（2）确认受检产品能够满足表 6-2 中应检项目的要求。

（3）携带企业在交验产品时工厂检测记录、检验资料等文件，检测人员在对产品进行检测前，应对上述文件进行认真的审查，必要时应提出质疑。

（4）同时满足 6.2.1 节中第 3～10 款的要求。

6.3 产品检验的执行

6.3.1 检验程序

（1）抽样规则。水利工程启闭机使用许可产品质量检测抽样规则如下：在企业生产的并且经过出厂检测合格的产品中，抽取的样品应是企业申请取证的同规格的产品（如申请的是大型产品，应抽取大型产品，而不能抽取中型或小型产品），如果同规格产品中有参数不同的两种或两种以上的产品，应抽取产品参数较大的产品。如果同规格同参数的产品有两套或两套以上的，由产品检测组随机抽样一套。

（2）参加检测的人员不得少于 3 人（申请企业人员可参加）。检测时应有企业的相关人员参加，企业应对检测工作提供方便和安全保证措施。

（3）检测人员应向记录人员宣读检测数据，记录人员在记录数据的同时应再复述所记录的数据，以避免错录数据。

（4）检测时，若检测的结果未满足规范或设计文件的要求，检测人员应再检一次；若检测的结果仍未达到规范要求，可由企业人员进行复检。如对复检结果仍有异议，则由双方共同检查全部检测程序和仪器设备，确认正常后再次复检，直至双方确认无误；必要时应请企业代表在原始记录上对确认的数据签字或提出文字说明。

（5）检测人员应及时核对原始记录，并以签字为凭。

（6）检测时应特别注意安全，拟定并严格执行安全措施。受检单位应提供保证安全的检测现场和检测条件。

6.3.2 产品检验

除表 6-2 中规定的项目以外，在检验中还应注意以下内容。

（1）焊接质量检测

① 焊接质量检测分为焊缝内部质量检测和焊缝外部质量检测，应在防腐涂装前进行。焊缝按其重要性分为一类焊缝、二类焊缝、三类焊缝。

一类焊缝包括：主梁、端梁、滑轮支座梁，卷筒支座梁的腹板和翼板的对接焊缝；支腿的腹板和翼板的对接焊缝和支腿与主梁连接的对接缝焊缝；液压缸分段连接的对接焊缝和缸体与法兰的连接焊缝；活塞杆分段连接的对接焊缝；卷筒分段连接的对接焊缝；吊耳板的对接焊缝。

二类焊缝包括：主梁、端梁、支座梁、支腿的角焊缝；主梁与端梁连接的角焊缝和支腿与主梁连接的角焊缝；吊耳板连接的角焊缝。

三类焊缝是指不属于一、二类的其他焊缝。

② 焊接接头应符合 GB 985 和 GB 986 的规定，如有特殊要求，应在图样上注明。

③ 对于重要焊接，焊前必须进行焊接工艺评定，应符合 SL 36 的有关规定。

④ 所有焊缝均应进行外观检查，外观质量应符合 SL 36 的规定。

⑤ 焊缝内部缺陷探伤应符合 SL 36 中的有关规定。

⑥ 射线探伤按 GB 3223 标准评定；超声波探伤按 GB 11345 标准评定。

⑦ 焊缝所使用的焊接材料应符合设计要求，若发现有不符的应记入检测记录和检测报告。

（2）螺栓连接

① 螺栓、螺钉和螺柱的性能等级和材料应符合 GB 3098.1 的规定；螺母的性能等级和材料应符合 GB 3098.2 的规定。

② 高强度螺栓的材料依次选用 20MnTiB、35VB 或 40B；与其匹配的螺母与垫圈的材料，依次选用 45 钢、35 钢。

③ 非剪切型的高强度螺栓、螺母、垫圈技术条件应符合 GB 1228—1231 的规定；剪切型的高强度螺栓连接副应符合 GB 3632—3633 的规定。

④ 高强度螺栓、螺孔的配合尺寸及其极限偏差按表 6-3 的规定。

表 6-3　高强度螺栓、螺孔的配合尺寸及极限偏差　　　　单位：mm

螺栓	公称直径	12	16	20	（22）	24	（27）	30
	极限偏差	±0.43		±0.52			±0.84	
螺孔	公称直径	13.5	17.5	22	（24）	26	（30）	33
	极限偏差	+0.4 / 0		+0.52 / 0			+0.84 / 0	

⑤ 在高强度螺栓连接范围内，构件接触面的处理方法应符合设计要求，其接触面的摩擦系数应达到规定值，在表面除锈后，应涂刷无机富锌漆。

⑥ 高强螺栓拧紧，分为初拧和终拧。初拧力矩为规定力矩值的 30%，终拧到规定力矩，拧紧螺栓应从中部开始对称向两端进行。

⑦ 测力扳手在使用前，应校检其力矩值，并在使用过程中定期复验。

6.3.3　检验设备

凡用于启闭机使用许可产品检测项目的仪器设备应满足规范上对应检测量值的量程、准确度、分辨率等要求，应经过授权的计量检定部门定期检定合格。

主要检测设备包括：卷尺、钢直尺、水准仪、塞尺、粗糙度仪、游标卡尺、外径千分尺、百分表、环规、硬度计、噪声计、兆欧表、电流表、接地电阻仪等。

7 水利工程启闭机使用许可的监督检查

水利工程启闭机使用许可的监督检查是指国务院水行政主管部门依照《管理办法》和《实施细则》对启闭机使用许可制度的实施情况进行监督检查，对违反《管理办法》和《实施细则》的行为实施行政处罚。监督检查工作主要包括：对获证企业的监督检查，对启闭机使用许可工作机构和工作人员的监督检查，对无证生产的监督检查。

7.1 对启闭机生产企业和产品的监督检查

企业获得使用许可证后，要积极保持和改进生产条件，保证产品质量稳定合格，同时要接受和配合有关部门依法组织实施的监督检查。对获证企业进行监督检查，是保证启闭机使用许可制度得到有效实施的重要措施，是水行政主管部门的重要职责，是构建"事前保证和事后监督相结合"的闭环监管机制的重要方面。

7.1.1 实施监督检查的目的和意义

启闭机使用许可制度是保证启闭机产品质量安全的行政许可制度。审查发证时，依据《管理办法》和《实施细则》的规定对企业进行实地核查和产品质量检验，对企业审查合格的，颁发启闭机使用许可证，允许其生产、销售、安装相应规格型号的启闭机，这是事前保证。发证后，通过对发证企业的监督检查，促使企业稳定生产合格产品，这是事后监督。我国是一个发展中国家，又处于经济转型时期，企业管理水平不高，企业自律机制尚不完善。企业获证后，取得许可证的条件可能发生变化，也许不能持续稳定地生产合格产品，如果不对获证企业实施监督检查，一旦企业生产的不合格产品注入市场，就会对水利工程的安全运行造成影响，启闭机使用许可制度实施的有效性就会受到影响。过去，由于重发证，轻事后监督，直接影响了启闭机使用许可制度实施的效果。因此，《管理办法》要求加强对获证企业的监督，事前保证和事后监督相结合，保证实施启闭机使用许可制度的有效性，确保产品安全可靠。

7.1.2　监督检查的主要内容

国务院水行政主管部门对启闭机生产企业以及产品质量的监督检查主要包括以下内容：

（1）是否按照许可证规定的型式和规格进行启闭机生产；

（2）是否使用符合技术标准的设计文件；

（3）是否按照有关技术标准组织启闭机的生产；

（4）是否有涂改、倒卖、出租、出借或者以其他形式非法转让许可证的行为；

（5）企业生产能力、质量管理和产品质量情况；

（6）水利工程中使用的启闭机是否由取得水利工程启闭机使用许可证的企业生产并经检验合格。

7.1.3　监督检查工作的实施

质监总站受水利部委托负责实施对启闭机生产企业和产品的监督检查。质检总站每年组织监督检查，具体工作程序如下。

（1）制订年度监督检查计划并发文通知。质检总站每年从启闭机获证企业中抽取部分企业进行监督检查，并发文通知受检查单位。必要时也可选择部分启闭机使用单位进行监督检查。监督检查通知主要包括检查时间、检查内容、检查要求、提供自查报告时限要求等内容。

（2）组织检查组进行实地检查。质监总站根据年度监督检查工作的安排，组织检查组赴受检查单位进行实地检查。检查组由 2～4 名启闭机使用许可证审查员和技术专家组成，实行组长负责制。实地检查时，应根据实际检查情况认真填写《水利工程启闭机使用许可监督检查记录》，并形成整改意见和监督检查结论。监督检查结论分为合格和不合格，监督检查结论需双方签字确认。

（3）监督检查结果的通报。检查组完成监督检查任务后要在 5 个工作日内向质监总站提交监督检查记录。质监总站在汇总所有检查组的监督检查情况后，以水利部办公厅文件形式通报监督检查情况。

对于监督检查不合格的，应责令其限期整改。企业整改完成后，应向质监总站提交整改报告，质监总站可对企业整改情况进行核查验证。对在监督检查中发现违反《管理办法》有关条款的，按照《管理办法》以及相关法律法规予以处罚。

（4）监督检查工作有关要求：

①检查组应于检查前不少于 3 个工作日与受检查单位进行沟通和确认，以便其提前做好相关准备工作。

②检查组实施检查应出示审查员证书以及监督检查公函等，以体现监督检查活动的严肃性、规范性。

③不得妨碍企业的正常生产经常活动。监督检查应当严格按照《管理办法》和《实施细则》要求的范围和条件为依据，不节外生枝、超范围检查，不扰乱、妨碍、中断企业的正常生产经营活动。

④遵守职业道德和审查员各项纪律，不得索取或者收受企业的财物或者谋取其他利益。

7.2 对启闭机使用许可证工作机构和工作人员的监督检查

7.2.1 对启闭机使用许可管理部门及其工作人员的监督检查

水利工程启闭机使用许可的实施和监督管理部门及其工作人员要依法行政，本着责、权、利相统一的原则，建立监督制约机制，防止出现"不作为"和"乱作为"的现象。上级主管部门加强对下级管理部门的监督和自我内部的监督，加强行政监察部门对业务管理部门的监督，同时，自觉接受企业和社会的监督。

根据《管理办法》的规定，启闭机使用许可的实施和监督管理部门及其工作人员，有下列行为之一的，由其上级行政机关或者监察机关责令改正；情节严重的，对直接负责的主管人员和其他直接责任人员依法给予行政处分；构成犯罪的，依法追究刑事责任：

（1）对符合条件的申请不予受理的；

（2）对符合条件的申请不在法定期限内作出许可决定或者不予颁发水利工程启闭机使用许可证的；

（3）对不符合条件的申请颁发水利工程启闭机使用许可证的；

（4）利用职务上的便利，索取或者收受他人财物或者谋取其他利益的；

（5）不依法履行监督职责或者监督不力，造成严重后果的。

7.2.2 对核查人员的监督检查

国务院水行政主管部门对启闭机使用许可核查人员从事企业核查工作的时效

性、公正性、科学性进行监督。核查人员有下列行为之一的，由国务院水行政主管部门责令改正；情节严重的，注销其审查员资格，建议其行政主管单位给予行政处分：

（1）核查人员未向被核查企业出示相关证件及核查通知等；

（2）核查人员未按照《管理办法》和《实施细则》规定的标准、内容和方法开展企业实地核查；

（3）不服从组长指挥，擅自行动，不能认真履行其工作职责的；

（4）不能遵守保密制度，私自将审查组内部意见泄露给企业，或者将企业的技术、工艺等商业秘密透露给第三方；

（5）核查人员在实地核查活动中从事有偿咨询的或谋取其他不正当利益的；

（6）违反国家法律法规的其他行为。

被注销审查员资格的人员不得再申请启闭机使用许可审查员资格。

7.2.3　对检验机构和人员的监督检查

国务院水行政主管部门对检验机构及其检验人员的相关活动进行监督检查，主要对检验机构及其工作人员从事检验工作的科学性、公正性、时效性进行监督，对检验过程、记录和结果进行监督和必要的抽查复核。

检验机构及其检验人员有下列行为之一的，由国务院水行政主管部门责令改正；逾期仍不改正的，取消其从事启闭机使用许可证产品检测工作的资格：

（1）未按照《管理办法》和《实施细则》规定的标准、要求和方法开展产品检测工作的；

（2）伪造检测结论或者出具虚假检测报告的；

（3）从事有偿咨询或谋取其他不正当利益的；

（4）违反国家法律法规的其他行为。

7.3　对无证生产的查处

无证生产是指企业未按规定申请取得启闭机使用许可证而擅自生产的行为。主要包括：企业未申请取得使用许可证而擅自生产、销售启闭机产品的；获证企业在其使用许可证有效期届满后，未按规定重新申请办理启闭机使用许可证，或证书在有效期内被依法注销而擅自生产销售启闭机产品的；获证企业生产销售超出使用许可证所许可的启闭机型式和规格范围的。

无证生产行为具有极大的危害性，国务院水行政主管部门非常重视对无证生产行为的查处。根据《管理办法》的规定，企业未取得水利工程启闭机使用许可证，进行启闭机生产的，由国务院水行政主管部门责令改正，予以通报，并处3万元以下罚款；构成犯罪的，依法追究刑事责任。同时还规定，水利工程中使用未取得水利工程启闭机使用许可证的企业生产的启闭机或者使用未经检验合格的启闭机的，依照水利工程建设与管理的相关法律、法规、规章的规定予以处罚。

下篇

水利工程启闭机
使用许可审查员作业指导书

8 制定指导书目的

为了规范水利工程启闭机使用许可企业实地核查工作，保证实地核查工作质量，确保其有效性和一致性，制定本作业指导书。

9 适用范围

本作业指导书适用于水利工程启闭机使用许可证申请企业的实地核查。

10 职责分工

10.1 质监总站负责对核查组的实地核查活动进行组织、指导、监督

10.2 核查组负责实施企业实地核查，实行组长负责制

10.3 核查组成员的职责和权限

10.3.1 核查组组长

核查组组长的职责：

（1）全面负责核查工作，对实地核查过程进行组织、协调、控制，对核查工作质量全权负责；

（2）负责与质监总站、核查组其他成员及技术专家、受核查企业进行联系与沟通；

（3）实地核查前的工作准备，包括编制核查实施计划、安排核查日程、分配核查任务、准备实地核查工作文件及记录表格等所需资源、确定核查过程注意重点等；

（4）组织实施整个实地核查活动，负责召开和主持预备会议、首次会议、核查组内部会议、核查情况沟通会、末次会议等；

（5）完成所承担的核查任务，处理实地核查活动中的异常与异议；

（6）主持形成实地核查结论，并向质监总站提交水利工程启闭机使用许可实地核查相关资料；

（7）完成质监总站交办的其他有关事项。

核查组组长的权限：

核查组组长到达核查现场后发现企业实际情况与申请书情况相差较大时，应及时将有关信息反馈给质监总站，由质监总站决定如何处理。核查组组长无权指导企业更改申请书或自行处置。

水利工程启闭机使用许可申请书变更备案表见附录6。

10.3.2　核查组审查员

（1）按照核查组的分工完成具体的实地核查工作；

（2）向组长汇报核查情况，提交有关核查记录；

（3）参与实地核查的评分及结论的讨论和决策；

（4）协助组长完成其他有关工作。

10.3.3　技术专家

（1）为核查组提供技术支持；

（2）协助处理实地核查中发现的技术问题；

（3）提供专家意见，但不参与核查结论的决策；

（4）协助组长完成其他有关工作。

10.4　审查人员行为准则

（1）在核查现场应佩戴质监总站统一制作的胸卡，遵守《水利工程启闭机使用许可证审查员管理办法》的各项规定；

（2）核查期间不得做出有损于水利工程启闭机使用许可管理机构及受核查企业声誉和利益的事情；

（3）对受核查企业的信息保密；

（4）实地核查时不得附加任何其他条件和要求，不得刁难企业，不得索取、收受企业的财物，不得谋取其他不正当利益；

（5）不得隐瞒任何有可能影响实地核查结论的信息；

（6）不得从事使用许可有偿咨询，或与受核查企业有任何经济利益联系。

11 核查组工作流程

（1）核查组组长接受核查任务；

（2）核查组组长与受核查企业、核查组成员联系；

（3）编制核查实施计划；

（4）确认受核查企业收到核查实施计划；

（5）准备实地核查工作文件、记录表格等所需资源，确定核查过程注意重点等；

（6）到达核查现场，核查组内部召开预备会议；

（7）首次会议；

（8）现场核查；

（9）核查组内部会议（讨论实地核查情况、评分、形成结论等）；

（10）核查情况沟通会；

（11）末次会议；

（12）企业实地核查资料上报。

12 实地核查工作的依据、原则

12.1 实地核查的主要工作依据

企业实地核查是一项政策性、技术性很强的核准评价工作，是水利工程启闭机使用许可核发的中心环节，核查人员必须严格依照各项有关法律法规、工作程序和技术标准开展工作。企业实地核查工作的主要依据包括：

（1）《水利工程启闭机使用许可管理办法》（水利部第 41 号令）；

（2）《水利工程启闭机使用许可管理办法实施细则》（水事业[2011]77 号）；

（3）其他相关的法律、法规及技术标准。

12.2 实地核查的原则

核查组进行实地核查时，应坚持以下原则。

12.2.1 客观的原则

核查组在核查过程中，获取的任何信息必须有客观的证据。客观证据的形式包括存在的客观事实，面谈人员关于本职范围内的陈述，现有的文件、记录等。

客观证据必须以事实为基础，且可陈述、可追溯、可验证，不应含有任何个人的猜想、推理的成分；必须是有效的，比如所提供的文件和记录应经批准或签字，应是实际使用、执行的结果，应能反映企业基本条件的真实状况。没有客观证据而获取的任何信息都不能成为不满足或不符合的判定依据。客观证据不足或未经验证也不能作为不满足或不符合的判定依据。

核查组收集客观证据的方式包括与企业有关人员面谈、查阅文件和记录、现场观察和核对、实际活动过程及结果的验证或检验、数据的汇总与分析、关联其他方面的信息，特别是相互过程间接口的有关信息。

审查员收集客观证据时应注意以下几个问题：

（1）客观证据并不是越多越好，应按照随机抽样的方法，注意到抽取样本的数量与层次、均衡适度的关联关系，从而获得适用的关键信息。

（2）客观证据必须有效，比如所提供的文件应是企业正在执行的，与企业申请产品有关的，并且反映当前实际情况。客观证据收集覆盖的时段可适当地追溯，但应反映近期的有关情况。

（3）应注意查证客观证据之间的相关性及一致性，善于从两个以上相关的客观证据之间发现所存在的问题。

（4）应验证获得客观证据的真实性，企业提供的证据可能夹杂着不真实的信息，要注意验证，如询问有关人员、观察实际结果。

（5）应注重从产品标准的技术要求为主线展开来收集客观证据，收集的客观证据应能为企业基本条件是否满足生产产品的有效性提供证实。

（6）在收集客观证据的同时应做好记录，记录在核查中所听到、看到的有用的真实信息，以便为审核判定提供证实。

12.2.2　核对的原则

核对的原则是指进行企业实地核查时，比照《实施细则》准确判定受核查企业基本条件是否满足及质量保证体系核查得分是否合格的原则，是审查员进行实地核查中必须坚持的一个基本原则。

企业实地核查工作不能脱离《实施细则》。核查过程中应紧扣核查主题，严格按照《企业基本条件核查表》和《企业质量管理体系核查表》确定核查项目、核查内容，制订现场抽样方案，寻找客观证据。审查员应将获得的核查证据与《实施细则》的具体条款逐一比较核对后，才能得出企业基本条件全部满足与否、质量管理体系核查得分达到合格分数要求与否的结论。凡未进行切实核对过的项目内容，都不能判定为满足或不满足，得分合格或不合格。

12.2.3　独立的原则

审查员核查判断时应排除干扰因素，包括来自受核查企业的、审查员自身感情上的等影响审查员独立判断的因素，自始至终维护、保持核查判断的独立性，保证核查结果的公正性。

13 实地核查的实施

13.1 核查前准备工作

（1）核查组从质监总站接收企业申请书及相关资料。

（2）核查组组长编制核查实施计划，确定核查日期，且应至少在实地核查实施前 3 个工作日通知企业做好相关准备。核查实施计划表见附录 7，审查通知书见附录 8。

编制"核查实施计划"时，核查组应根据《实施细则》和受核查企业的组织机构、职能分配、部门设置及相关要素，以产品质量控制为主线确定核查路线和方法，并根据企业的实际情况及核查组成员的专业特点进行分工，制订详细的企业核查日程安排，以保证核查的全面、不缺项、不漏项。编制核查计划时应注意以下方面：

① 在核查计划的日程安排中，具体描述审查员在各时间段所需从事的活动，如哪位审查员在哪个部门，查什么要素，均应详细列明；

② 专业性较强的部门或过程应由有相关经验的审查员进行审查，或者由技术专家协助审查员进行审查；

③ 对核查组的内部会议及与受核查方领导的沟通会议做出安排；

④ 涉及多现场核查的，应在核查计划中体现所有核查现场及核查内容。

（3）核查组预备会议。核查组成员初次集合后，由核查组组长主持召开预备会议，核查组全体成员参加，主要内容有：

① 介绍企业概况及申请的启闭机型式及规格情况；

② 明确核查计划安排，确定核查组成员分工；

③ 确认核查要点及注意事项；

④ 强调核查工作纪律和审查员工作守则。

13.2　企业实地核查工作的实施

13.2.1　首次会议

召开核查首次会议，是核查组进入企业后，实施企业实地核查的第一项活动，其目的是双方人员会面，并就有关活动做出安排。首次会议参加人员包括核查组全体成员、受核查企业的主要负责人、有关职能部门和生产车间的负责人等。首次会议的全体参加人员应在签到表上签字。首次会议签到表见附录9。

会议由核查组组长主持，会议的具体内容有：

（1）宣读"水利工程启闭机使用许可证审查通知书"；

（2）双方人员介绍。核查组组长向企业介绍核查组成员的身份和工作单位，企业负责人向核查组介绍出席会议的企业领导及各部门负责人；

（3）说明实地核查的目的、依据和主要内容；

（4）明确现场实地核查的日程安排和核查组成员分工；

（5）说明实地核查的评分方法和核查结论确定的原则；

（6）说明抽样的方法具有客观代表性和风险性；

（7）说明核查的主要方式（核查文件、查看记录、察看现场、考察操作、交谈等）；

（8）确定企业需要核查组回避的事项并作保密承诺（核查组向企业承诺不得将企业的技术、工艺、材料等商业秘密透露给第三方）；

（9）告知企业应给予必要的配合并请企业配备陪同人员，落实核查组所需程序文件、档案资料和设施；

（10）向企业说明核查组的工作纪律，请企业监督核查组的工作；

（11）澄清疑问；

（12）请企业负责人介绍企业概况和准备工作情况；

（13）宣布首次会议结束，企业生产现场实地核查活动开始；

（14）将"实地核查工作意见反馈表"交给受核查企业负责人。实地核查工作意见反馈表见附录10。

首次会议发言稿示例见附录11。

13.2.2　实地核查

实地核查是核查组依照《管理办法》和《实施细则》的要求，采用抽样的方法寻找客观证据，对申请企业的基本条件和质量管理体系进行核查并作出评价的一系列具体活动，核查方法及要点将在第14章中给出。

首次会议结束后，核查组应安排对企业的生产现场进行查看。通常由企业有关负责人带领，按照所申请产品型式的生产工艺过程，对企业的主要生产场地、生产设施设备管理、车间管理等做一次完整的观察。通过现场查看，核查组对企业基本情况有了初步了解，包括场地设施、生产过程、工艺水平、检验过程、现场管理等，为核查组下一步核查活动的工作重点打下基础。

核查组在完成上述活动后，审查员根据分工的范围，依照《实施细则》的核查项目和核查内容，开展文件资料的查看，对企业相应的基本条件和质量管理等逐一进行详细的核查评价，按核查发现的实际情况做好核查记录，分别对各个核查项目作出评分。企业质量管理体系核查记录表见附录12。

13.2.2.1　核查组应至少核查以下程序文件

（1）与质量有关的机构、岗位、人员的具体职责与相互关系的程序；

（2）内部质量审核程序；

（3）图纸、工艺文件、作业指导书等技术文件和资料的管理控制程序；

（4）生产设备、设施维护保养管理制度（含检测计量器具管理）；

（5）质量记录控制程序；

（6）不合格品的管理制度和控制程序；

（7）产品检验程序；

（8）生产车间、厂区环境安全和卫生管理制度；

（9）售后服务制度；

（10）供应商选择评定和日常管理程序；

（11）关键零部件和材料的采购或验证程序。

13.2.2.2　核查组应至少核查以下管理记录资料

（1）内部质量审核记录；

（2）质量分析会议记录；

（3）生产设备管理状态记录；

（4）过程确认记录（针对关键工序）；

（5）成品检验记录；

（6）不合格品处置记录；

（7）产品用户档案；

（8）产品售后服务记录；

（9）顾客投诉及纠正措施记录；

（10）计量检验设备管理状态记录；

（11）供方评价记录；

（12）主要原材料、主要外协件检验及验证记录。

13.2.2.3 实地核查活动注意事项

（1）核查组组长应当注意掌握现场查看的时间、范围和重点。必要时，应根据参观了解到的基本情况，对核查计划及分工进行适当调整。

（2）核查组组长应当注意与核查组内部成员、企业和质监总站的沟通。

（3）应核查企业名称、住所、生产地址、注册资金等情况，如有差异应及时向质监总站反映。

（4）应核查企业正在运行的生产现场。

（5）在实地核查过程中发现的问题，应经企业相关负责人员确认。

（6）在对企业的生产现场以及管理文件、技术文件等进行核查时，如发现问题，应做准确的记录，且保持记录的可追溯性。

（7）审查员在分工范围内所发现的情况或问题涉及其他核查人员分工范围的，应及时与相关审查员沟通。

（8）对企业基本条件不满足项的确定，应反复核实，以保证其客观和准确。

（9）核查过程中出现有缺项或互相矛盾、不一致的地方，应立即补查。

（10）及时清理归还从企业借用的工具、文件、资料。

13.2.3 核查组内部会议

核查组内部会议一般在完成具体核查活动后召开，如在核查中遇到特殊情况，核查组组长也可以决定随时召开核查组内部会议。

13.2.3.1 完成具体核查活动后召开核查组内部会议

（1）核查组成员介绍各自负责的核查情况，主要介绍存在的问题。

（2）在核查表备注填写核查记录（主要是简要填写发现的不符合要求的内容）。

（3）逐项讨论评分，填写《实施细则》附表Ⅱ表 A-1、表 A-2、表 A-3，确定企业实地核查结论。有争议的问题应取得一致意见，如不能取得一致意见，由核查组组长确定。

（4）确认需向企业提出整改建议的问题。

13.2.3.2 核查中遇到特殊情况时召开核查组内部会议

（1）实地核查过程中，发现企业不具备《管理办法》规定必备的主要生产设备和工艺装备、主要计量器具和检测设备，或发现企业注册资金及专业技术人员、水利行业焊工、无损检测人员资质的有效性和人数达不到规定要求等情况，应立即召开核查组内部会议。如果作出不合格结论，可终止实地核查，并由核查组组长向企业负责人沟通。

（2）发现企业有严重弄虚作假情况，应召开核查组内部会议，记录有关情况，核查组成员签名后交质监总站处理。包括：

① 用其他企业的生产设备、检测设备代替本企业生产设备、检测设备；

② 用其他企业的相关资质证书代替本企业资质证书；

③ 将其他企业生产的同类零部件放置在生产现场，替代本企业生产的零部件；

④ 其他违法行为。

（3）审查员在分工范围内遇到自己不能继续核查的复杂问题，应及时向组长汇报，必要时可建议核查组组长召开内部会议集体讨论。

13.2.4 核查情况沟通会议

实地核查活动完成后，在召开末次会议之前，就实地核查过程中发现的主要问题（主要指单项得分率达不到要求的项目）和实地核查结论等事宜，与企业的主要领导进行正式的沟通，听取企业领导的意见并得到其确认。

若企业领导对核查组指出的问题和实地核查结论提出异议，核查组组长应耐心作出详细说明。对于个别有异议的问题或对方提出的新的情况，核查组组长应安排必要的补充核查进行再次验证。如果证实核查结果有偏差，核查组应对该项评分进行修正。如果证实核查结果无偏差，则应坚持原则。

审核情况沟通会议是确保核查结论客观、公正、科学、准确的重要方式。必要的沟通可以减少实地核查工作的失误，避免在末次会议上发生现场争议的情况，使整个实地核查工作得以按计划圆满顺利完成。

13.2.5 末次会议

核查组在完成全部的核查活动，形成实地核查结论后，通知企业召开末次会议，末次会议的参加人员与首次会议应基本一致。末次会议签到表见附录13。

末次会议由核查组组长主持，内容主要有：

（1）重申核查的目的、依据、范围。

（2）说明抽样的风险和核查结果的客观性、代表性。

（3）通报核查情况，说明企业存在的单项得分率达不到要求项（注：如存在，则指出）及有关问题。对企业存在的问题，提出整改要求，并说明对企业整改的跟踪验证方式。企业实地核查主要问题整改要求表见附录14。

（4）宣读企业实地核查结论。

（5）说明核查结论最终由水利工程启闭机使用许可核发机关批准确定。

（6）重申保密承诺。

（7）对企业给予核查工作的支持和配合表示谢意。

（8）向企业说明许可证使用规定和获证后的监督等有关事项。

（9）请企业负责人发表讲话。

（10）宣布企业实地核查工作结束。如企业生产现场实地核查结论为合格，通知企业开展产品质量检测。

13.3　实地核查资料的上报

实地核查工作结束后，核查组应在 5 个工作日内将全部核查资料上报质监总站，并提交如下核查资料：

（1）企业申请书及其他申请资料；

（2）企业实地核查表；

（3）企业基本条件的确认材料；

（4）实地核查活动中形成的其他必要材料等。

14 核查方法和要点

《实施细则》将企业实地核查分为两部分。一是企业基本条件核查，核查内容包括企业法人资格、注册资金、人员条件、设备能力等4方面；二是企业质量管理体系核查，核查项目分为：质量管理、技术管理、生产过程管理、销售服务、计量管理、物资管理。共6大项9条34子项。

实地核查内容包括两大类：

（1）企业基本条件核查表中各项均为否决项目，结论分为"满足"和"不满足"；

（2）质量管理体系核查方法为对照单项核查内容的额定分，根据核查情况进行单项评分，对单项评分进行汇总得到项目得分。

核查结论的确定原则：企业基本条件全部满足要求且质量管理体系核查得分达到合格分数要求的，判定实地核查结论为合格；企业基本条件核查表中任一项不满足要求或者质量管理体系核查得分未达到合格分数要求的，判定实地核查结论为不合格。质量管理体系核查为合格的分数要求为：小型、中型、大型、超大型的总得分分别不低于75分、80分、85分、90分，单项得分率分别不低于65%、70%、75%、80%。

14.1 企业基本条件核查方法和要点

14.1.1 企业法人资格

14.1.1.1 核查要点

（1）是否具有独立法人资格；

（2）经营范围是否包括机械设备制造；

（3）营业期限是否在有效期内。

14.1.1.2　核查方法

查看企业营业执照原件。

14.1.1.3　评判原则

满足：具有独立法人资格，经营范围包括机械设备制造，且在有效营业期限内。

不满足：不具备上述任何条件之一。

14.1.2　注册资金

14.1.2.1　核查要点

是否符合《管理办法》对所申请启闭机产品型式及规格的注册资金要求。

14.1.2.2　核查方法

查看企业营业执照原件。

14.1.2.3　评判原则

满足：注册资金不少于《管理办法》对所申请启闭机产品型式及规格的注册资金要求。

不满足：注册资金少于《管理办法》对所申请启闭机产品型式及规格的注册资金要求。

14.1.3　人员条件

14.1.3.1　核查要点

（1）专业技术人员总人数及其资格证书中所认可的专业，是否符合《管理办法》对申请启闭机产品型式及规格所要求专业技术人员的有关规定；

（2）焊工总人数及其资格证书中所认可的焊接方法、母材类别、焊接位置与试件类型，是否符合《管理办法》对申请启闭机产品型式及规格所要求焊工的有关规定；

（3）无损检测人员是否符合《管理办法》对所申请启闭机产品型式及规格的最少人数及有关检测方法资格证书数量要求。

14.1.3.2　核查方法

查看资格证书原件，必要时查看人员是否为本单位在职职工、是否有合法有效的劳动合同。

14.1.3.3　评判原则

（1）同时具备以下条件，评判结论为"满足"：

①经质监总站培训合格的专业技术人员总人数及各专业的人数，不少于《管

理办法》对所申请启闭机产品型式及规格的必备人数和专业要求；

②持有水利部焊工考核委员会颁发焊工资格证书的焊工总人数及有关焊接方法、母材类别、焊接位置与试件类型的资格证书数量，不少于《管理办法》对所申请产品型式的焊工总人数及相关资格证书数量要求；

③取得质监总站颁发的无损检测人员资格证书的人员数量及证书数量，不少于《管理办法》对所申请启闭机产品型式及规格的无损检测最少人数及有关检测方法资格证书数量要求。

（2）符合以下任一种情况，评判结论为"不满足"：

①人员总数达不到要求；

②专业技术人员有关专业上的人数，有关焊接方法、母材类别、焊接位置与试件类型的焊工资格证书数量，无损检测专业证书有关检测方法资格证书数量达不到要求。

14.1.4 设备能力

14.1.4.1 核查要点

（1）是否具有《实施细则》中规定的主要生产设备和工艺装备，其性能和精度是否满足规定的要求和生产的需要；

（2）是否具有《实施细则》中规定的主要计量器具和检测设备，其性能、精度能否满足生产需要。

14.1.4.2 核查方法

（1）按照《实施细则》的要求，对照企业申请资料的填写内容，逐一核对必备的生产设备、工装是否具备，查看生产设备台账和维修保养记录，抽样核查其性能和精度是否满足要求；

（2）按照《实施细则》的要求，对照企业申请资料的填写内容，逐一核对是否具备必备的计量器具和检测设备，查看计量及检测设备台账，抽样核查计量器具和检测设备的精度能否满足产品加工、装配检测的要求；

（3）为防止企业应对核查从其他单位借用设备仪器的行为，必要时可采用查看购置发票、核对设备出厂编号等方法。

14.1.4.3 评判原则

（1）同时具备以下条件，评判结论为"满足"：

①具有《实施细则》规定的必备生产设备和工装，且满足生产要求；

②具备《实施细则》规定的必备计量器具及检测设备，且满足检验要求。

（2）符合以下任一种情况，评判结论为"不满足"：

①缺少《实施细则》规定的任意一项必备生产设备和工装，或任意一项必备设备不能满足生产要求；

②缺少《实施细则》规定的任意一项必备计量器具及检测设备，或任意一项必备设备不能满足检验要求。

14.2　企业质量管理体系核查方法和要点

14.2.1　质量管理

14.2.1.1　建立了质量管理体系，有对其作充分阐述的经最高管理者签字批准并受控的质量手册

（1）核查要点

①是否建立了所需的质量手册。

②质量体系是否在质量手册里加以描述，如是否规定了质量管理体系范围，建立了适当的质量方针，制定了相应的质量目标；质量手册中各过程的描述是否反映了企业的产品生产特点；是否包括了企业内部所有的部门层次和员工。

③质量手册发布前是否得到最高管理者批准；质量手册发放是否得到控制。

（2）核查方法

①查看企业质量管理手册，确定文件所述的质量管理体系与核查要点的符合性。

②抽查 2~3 个部门，查看是否均有受控的企业质量管理手册，询问相关管理人员，了解其职责、权限，以确定质量手册各项规定的充分性、适宜性、协调性，查看手册是否结合了企业的组织机构的实际构成，是否照抄照搬他人及教科书内容。

（3）评分原则（额定分 2 分）

①同时符合下述情况，在 1.8~2 分范围内打分：建立了质量手册，手册发布得到批准且发放可控；质量手册确定了适当的质量方针，制定了相应的质量目标，规定了质量管理体系范围，识别和确定了应控制的过程，并制定了相应的控制准则和方法；识别了应遵守的法律、法规和其他要求；对质量管理体系的运行绩效建立了必要的监控机制；规定了有关的责任机制和内部沟通的信息交流机制，并确定了必要的资源能力；规定了对质量管理体系进行内审和管理评审并持续改进的要求。

②符合下述情况，在1.2～1.8分范围内打分：建立了质量手册，质量手册发布得到批准且发放可控，但质量手册各项规定在充分性、适宜性、协调性、可操作性等方面不够完善。

③符合下述任一种情况，在1.2分以下范围内打分：企业未制定质量手册；或质量手册、程序文件及作业指导书未经批准或未开始实施；或质量手册未结合企业的组织机构的实际构成。

14.2.1.2 质量管理体系文件（包括质量手册、程序文件、作业指导书、有关质量记录表格等）内容规范、全面、符合企业生产要求，各项制度齐全

（1）核查要点

①质量管理体系文件的层次是否完整；是否有与本企业实际相适宜的质量手册、程序文件及必要的作业指导书并经批准已开始实施。

②质量手册是否体现过程方法和管理的系统方法；质量手册的内容之间、与程序文件的内容之间是否协调相容，是否存在矛盾和不一致；文件控制、记录控制、内部审核、不合格品控制、纠正措施和预防措施等是否制定了程序文件；

程序文件是否明确了过程的目标、过程的职责、过程的输入（包括资源）和输出、过程的方法和步骤；是否按照工序流程编写，体现了过程方法；是否规定了监控和记录要求；

作业指导性文件等是否合理、必要；作业指导书、图样、记录性表格等支持性文件的操作性如何。

③上述质量管理体系文件是否受控。

（2）核查方法

①查是否有。查看质量手册、程序文件、其他文件（如组织机构图、工艺流程图、作业指导书、指南、质量计划、标准、图样等）、记录表格样式或记录清单、抽样选取的记录样本等，是否规范，是否符合相关标准。

②查质量体系实施情况。查实施记录，查现场实际情况。

③查质量体系实施效果。查目标是否达到，查发现的问题是否有针对性措施，查措施的实施效果。

（3）评分原则（额定分3分）

①符合下述情况，在2.7～3分范围内打分：质量管理体系文件基本完备健全，内容规范，可操作性、协调性强。

②符合下述情况之一，在1.8～2.7分范围内打分：制定了质量管理体系文件，但可操作性不强或协调相容性不够好；管理制度不够完善。

③符合下述情况，在1.8分以下范围内打分：质量管理体系文件层次不完整，

内容欠缺较多。

14.2.1.3 企业质量方针、质量目标明确并能坚持贯彻执行，质量管理纳入了工作议事日程

（1）核查要点

① 是否由企业最高管理者规定了质量方针，企业采用什么措施落实质量方针；质量方针是否体现了产品的特点；是否体现了产品满足顾客和有关法律、法规的要求；质量方针是否体现了持续改进的承诺；企业各层次对方针的理解程度如何。

② 是否基于企业规划和质量方针制定了质量目标，并分解至各相关部门；质量目标是否考虑了企业的现状，考虑了同行业水平，能否起到激励作用；目标的可实现性、可度量性、可调整性、可追踪性是否体现。

③ 是否有负责质量工作的领导和设置相应的质量管理机构或任命质量管理工作的人员；是否规定了各有关部门、人员的质量职责、权限和相互关系。

④ 质量目标是否在近一两年的实践中达到。

（2）核查方法

① 询问相关人员是否清楚本企业的质量方针及其内涵。

② 询问相关人员对企业和本部门质量目标的理解，查其所在部门质量目标的完成情况。

③ 查看企业的质量工作负责人的授权书或岗位职责以及企业的组织结构框图，组织相关人员座谈，检查企业质量工作框架是否已设置。

④ 查看零部件、成品质量检验记录及统计资料，了解质量目标落实情况，查看是否达到了制定的目标。

（3）评分原则（额定分 3 分）

① 同时符合下述情况，在 2.7～3 分范围内打分：质量方针及质量目标经企业最高管理者批准；质量目标分解至各相关部门；目标得到跟踪，体现了持续改进；明文规定了各有关部门、人员的质量职责；各有关部门、人员的权限和相互关系明确。

② 符合下述情况之一，在 1.8～2.7 分范围内打分：质量方针及质量目标未经企业最高管理者批准或质量目标未分解至各相关部门，文件中规定有质量管理机构或质量管理人员，但职责和权限不明确；无文件规定，但能提供证据表明领导层中有一人履行质量领导的职权，质量记录不完整。

③ 符合下述情况之一，在 1.8 分及以下范围内打分：未制定质量方针及质量目标；无证据表明领导层中有人履行质量领导的职权；无机构或人员负责质量管

理工作。

14.2.1.4　企业质量管理体系有效运行，有管理评审制度及执行见证

（1）核查要点

① 是否有管理评审制度，是否定期对质量管理体系进行内部质量审核，管理评审内容是否围绕质量管理体系持续运行的适宜性、充分性和有效性；是否对质量管理体系（包括质量方针和质量目标）的改进需要进行了评审；管理评审是否形成了关于质量管理体系及过程的改进、产品的改进、对资源需求的决定和措施；如果出现了体系内外部环境的重大变化，最高管理者是否组织了管理评审。

② 是否有评审见证记录，评审考核结果是否只有原则性的评价。

③ 评审发现的问题是否得到改进，有效性如何。

（2）核查方法

① 与管理者代表交谈，了解质量体系管理评审周期及管理评审输出的改进措施。

② 查看质量管理体系管理评审制度及记录，重点查看最近一次管理评审的记录，检查企业是否能对质量管理体系运行情况定量考核，对考核中的问题是否采取相应的纠正措施。

（3）评分原则（额定分 3 分）

① 符合下述情况，在 2.7～3 分范围内打分：质量体系管理评审制度和相应的评审办法完善，评审记录比较完整，对管理评审输出的改进措施进行了跟踪验证。

② 符合下述情况，在 1.8～2.7 分范围内打分：制定了质量体系评审管理制度，但可操作性不强或评审记录不完整。

③ 符合下述情况之一，在 1.8 分及以下范围内打分：无质量评审制度；虽有评审制度，但从未进行评审或评审记录内容严重缺失。

14.2.1.5　有质量分析会议记录，有措施、有落实见证

（1）核查要点

① 是否组织召开过质量分析会议，是否形成会议记录。

② 是否有针对性的纠正措施，是否得到落实。

（2）核查方法

① 询问相关人员是否召开过质量分析会议。

② 抽查近一年的质量分析会议记录。

③ 查看质量分析会决定事项的落实见证。

（3）评分原则（额定分 4 分）

① 符合下述情况，在 3.6～4 分范围内打分：多次召开质量分析会议，会议记

录比较完整，改进措施得到有效落实。

② 符合下述情况之一，在 2.4～3.6 分范围内打分：有质量分析会议，会议记录不完整；改进措施未得到有效实施。

③ 符合下述情况，在 2.4 分以下打分：极少召开质量分析会议或无质量分析会议相关记录。

14.2.2　技术管理

14.2.2.1　产品设计由具有相应资质的设计单位承担，设计文件依据现行有效的标准、规范编制

（1）核查要点

① 产品设计是否由取得启闭机设计能力认可或备案的设计机构承担。

② 是否具有《实施细则》附录 II 表 A-4 中所列的申请取证型式的全部产品标准和相关标准，且均为现行有效的标准并受控，并得到贯彻执行。

③ 自行设计的图纸及设计计算书是否经取得启闭机设计备案认可的设计机构对其进行技术审核并提供报告。

（2）核查方法

① 抽查 3～5 份设计图纸的来源，查看设计单位是否具备质监总站颁发的《水利工程启闭机设计能力证书》。

② 调阅企业标准文件清单，查证企业是否具备申请取证型式启闭机产品现行有效的标准；对产品标准中引用的标准，凡涉及产品重要质量特性、产品出厂检测技术要求的也应具备。

③ 抽查 3 份设计文件（总装图、部件图、零件图、技术要求、设计计算书、产品包装和标识说明、顾客使用说明等），查看设计文件的正确性、完整性和统一性，重点查看是否符合有关标准和规范等要求。

（3）评分原则（额定分 6 分）

① 同时符合下述情况，在 5.4～6 分范围内评分：产品设计由取得启闭机设计备案认可的设计机构承担；《实施细则》规定的各项现行产品标准和相关标准齐全；设计文件正确、完整和统一。

② 符合下述情况，在 3.6～5.4 分范围内评分：产品设计由取得启闭机设计备案认可的机构承担，具有《实施细则》规定的各项产品标准，但缺少部分相关标准或设计文件不全。

③ 符合下述情况之一，在 3.6 分以下评分：产品设计未由取得启闭机设计备案认可的设计机构承担；缺少产品标准；没有设计文件。

14.2.2.2 生产图纸绘制符合国家标准，各项技术文件能达到设计要求，能指导工人操作，审批手续完备，修改有制度

（1）核查要点

① 设计图纸的绘制是否符合有关标准和规定要求；

② 技术文件（如设计文件和工艺文件等）的技术要求和数据等是否符合有关标准和规定要求；

③ 技术文件签署、更改手续是否正规、完备；

④ 技术文件是否完整、齐全。

（2）核查方法

① 抽查 3 份总装图或部件图、零件图的绘制情况。

② 抽查 3 份产品设计或工艺文件，看是否经编制、审核，发布前是否经批准，且经批准的设计及工艺文件能否满足产品标准规定的性能、指标要求和指导生产的要求。

③ 调阅企业文件修改制度或规定，抽查修改过的设计文件和工艺文件，查证修改是否依据设计修改通知，审批手续是否符合规定要求。

④ 查证产品设计及工艺文件是否与实际产品相符。

（3）评分原则（额定分 4 分）

① 符合下述情况，在 3.6～4 分范围内打分：生产图纸绘制符合有关标准和规定要求，技术文件符合有关标准和规定要求，签署、修改手续正规。

② 符合下述情况之一，在 2.4～3.6 分范围内打分：图纸的绘制符合有关标准和规定要求，技术文件基本符合有关标准和规定要求，但少数签署、更改手续不够完备；缺少个别项目技术文件。

③ 符合下述情况之一，在 2.4 分以下范围内打分：生产图纸绘制存在严重错误；技术文件存在严重错误，且任意修改，有严重缺失；抽查的在用技术文件与实际情况严重不符。

14.2.2.3 各部门、各车间使用的同一零件的技术资料完全一致

（1）核查要点

① 企业各部门正在使用的设计文件是否一致和有效，是否与所生产的启闭机产品实物一致。

② 企业各部门使用的工艺文件是否一致；各种工艺文件规定的参数是否统一。

（2）核查方法

抽查 3 件零部件，核查设计、质量、生产部门现行使用的技术文件是否一致，是否有不同部门使用不同版本的情况。

（3）评分原则（额定分 3 分）

① 符合下述情况，在 2.7～3 分范围内打分：各部门、各车间使用的同一零部件的技术资料基本一致。

② 符合下述情况，在 1.8～2.7 分范围内打分：个别零部件在用技术文件存在不一致或与实际情况有小部分出入。

③ 符合下述情况，在 1.8 分以下范围内打分：抽查的零部件技术资料在各部门、车间之间有较多不一致。

14.2.2.4 图纸、工艺文件、检测记录等技术资料归档及时、完整，符合档案管理规定

（1）核查要点

① 是否有部门或专（兼）职人员负责技术资料的归档管理。

② 是否有档案管理制度，其执行情况如何。

③ 技术资料的审批、发布、发放、存档、更改、作废、收回是否受控。

（2）核查方法

① 查看企业的职能配置文件，查证是否有部门或专（兼）职人员对技术资料进行档案管理。

② 查看技术档案管理制度，并抽取 3～5 种技术资料，检查文件批准、有效性和修改情况，验证技术资料管理的执行情况。

（3）评分原则（额定分 2 分）

① 符合下述情况，在 1.8～2 分范围内评分：技术资料有归档管理制度，执行有效。

② 符合下述情况，在 1.2～1.8 分范围内评分：技术资料有归档制度但不够完善，执行不够严格。

③ 符合下述情况，在 1.2 分以下范围内评分：技术资料归档管理无制度，管理混乱。

14.2.2.5 备注：如申请的产品已通过水利部综合事业局组织的水利新产品鉴定，可在技术管理项的原有评分上另加 2 分

14.2.3 生产过程管理

14.2.3.1 设备与工装

（1）设备专管率 100%，完好率在 85% 以上，设备有台账，有表明状态的标识。

1）核查要点

① 是否有部门或专（兼）职人员负责设备的运行及维护保养管理。

② 大部分生产设备是否能正常运转。

③ 设备台账、说明书、履历、档案是否保管齐全，是否采用标记、标签或标牌来标识设备的不同状态，并置于设备的显著位置。

2）核查方法

① 查看企业的设备管理负责人的授权书或岗位职责以及企业的组织结构框图，组织相关人员座谈，检查设备管理框架是否已设置。

② 生产线上抽选 3～5 台主要生产设备，查看设备运转记录。

③ 查阅企业设备台账，抽取 3～5 台设备，查看说明书、履历及档案情况，在生产现场对抽选的设备信息进行验证核对，查看其状态标识情况。

3）评分原则（额定分 3 分）

① 同时符合下述情况，在 2.7～3 分范围内打分：有部门或专（兼）职人员负责设备的运行及维护保养管理；85%以上的生产设备运转正常；设备台账完整、正确，说明书、履历、档案保管齐全；设备状态信息较为清晰。

② 符合下述情况，在 1.8～2.7 分范围内打分：有部门或专（兼）职人员负责设备的运行及维护保养管理，85%以上的生产设备运转正常，有设备台账，但部分设备的说明书、履历、档案保管不够齐全，或部分设备状态信息不够清晰。

③ 符合下述情况，在 1.8 分以下范围内打分：设备运行管理无专（兼）职人员负责，管理混乱。

（2）设备配置符合工艺和精度要求，种类、数量满足生产需要。

1）核查要点

① 是否具有《实施细则》规定的生产设备。

② 设备精度是否满足生产合格产品的要求。

③ 主要加工设备种类、数量是否适应企业生产规模。

2）核查方法

① 现场察看并根据产品的工艺流程逐一核对生产现场的加工设备及其数量。

② 抽选 3 台关键加工设备，查阅其设备档案，查看设备的性能和精度。

3）评分原则（额定分 4 分）

① 同时符合下述情况，按 4 分打分：有《实施细则》规定的生产设备；设备配置符合工艺和精度要求；加工设备数量满足生产需要。

② 符合下述情况，在 2.4～3.6 分范围内打分：有《实施细则》规定的生产设备，设备配置基本符合工艺和精度要求，但设备数量不足或各种规格配置不合理，无法充分满足企业规模生产需要。

③ 符合下述情况之一，在 2.4 分以下范围内打分：设备性能和精度不能满足

生产合格产品的要求；生产设备种类、数量不满足生产需要。

（3）工装有台账，精度满足要求，保管良好。

1）核查要点

①是否建立了工装台账。

②是否明确了工装校验要求，按规定进行检定或校验，精度是否满足要求，是否有检定或校验记录。

2）核查方法

查看工装台账，抽选3种工装，查阅其检定或校验记录情况。

3）评分原则（额定分3分）

①符合下述情况，在2.7～3分范围内打分：建立了工装台账并明确了校验要求，按规定进行检定或校验，有记录，精度满足要求。

②符合下述情况，在1.8～2.7分范围内打分：工装精度满足要求，但台账不完整，或校验要求未明确，或未编制校验规程，或无检定或校验记录。

③符合下述情况，在1.8分以下范围内打分：工装保管不好，不能保证正常使用。

（4）设备与工装有管理制度，有维修、保养计划，并有执行见证。

1）核查要点

①是否建立了设备与工装管理制度。

②是否制定了维修、保养计划，按计划实施保养并记录。

2）核查方法

①查看设备及工装管理程序文件。

②抽查3～5台主要生产设备、工装的维护、保养计划及记录。

3）评分原则（额定分2分）

①符合下述情况，在1.8～2分范围内打分：建立了设备与工装管理制度，制订了维修、保养计划，按计划实施保养并记录完整。

②符合下述情况，在1.2～1.8分范围内打分：建立了设备与工装管理制度，但未制订维修、保养计划，或未按计划实施保养或实施见证记录不完整。

③符合下述情况，在1.2分以下范围内打分：未建立设备与工装管理制度，生产设备和工装未得到有效维护，不能保证正常使用。

14.2.3.2　工艺

（1）企业对生产制造过程应制定相应的工艺文件。

1）核查要点

①工艺流程中各工序必需的工艺文件（如工艺流程图、工艺路线表、工艺流

程卡、工序卡、操作规程等）是否齐全。

②工艺文件规定的方法和过程是否正确、经济、合理，工艺文件内容是否符合产品设计要求和相关标准的规定。

2）核查方法

①查阅企业工艺文件明细表，通过观察产品生产工艺流程，核对企业编制的工艺文件是否与产品实际生产工艺流程统一和一致。

②抽查 3 份工艺文件，查阅材料选择是否符合标准规定，选用是否合适，是否经济；零件的结构形状是否合理以及便于加工；零件的精度及技术要求是否符合产品功能的要求，是否经济合理；零件设计是否考虑工艺基准的选择；装配拆卸是否方便；是否可利用现有的设备、工具及仪表进行加工和检测；产品结构和零件的通用化、标准化程度是否高；质量特性值是否便于测量和判别；结构的可继承性是否合理。

3）评分原则（额定分 3 分）

①符合下述情况，在 2.7～3 分范围内打分：工艺文件齐全，内容符合产品设计要求和相关标准的规定。

②符合下述情况，在 1.8～2.7 分范围内打分：工艺文件不够齐全，但有关键（特殊）工序工艺文件，工艺文件内容基本符合产品设计要求和相关标准的规定。

③符合下述情况之一，在 1.8 分以下范围内打分：工艺文件不全，关键（特殊）工序无工艺文件；工艺文件规定的方法和过程的正确性、经济性、合理性较差。

（2）对产品的关键工序及特殊过程应制定作业指导书，有执行见证。

1）核查要点

①产品的关键工序及特殊过程（如螺杆式启闭机的螺杆加工，固定卷扬式、移动式启闭机的齿轮加工、卷筒加工、机架装配，液压式启闭机的油缸加工、活塞杆加工等）是否制定了作业指导书。

②关键工序及特殊过程是否按作业指导书进行操作。

2）核查方法

①查阅企业作业指导书手册，核查关键工序及特殊过程的作业指导书编制情况。

②现场抽查 3～5 名工人（重点查看关键工序、特殊工序），查看工人实际操作是否符合作业指导书规定。

3）评分原则（额定分 3 分）

①符合下述情况，在 2.7～3 分范围内打分：产品的关键工序及特殊过程有作

业指导书，并在实际操作中得到有效执行。

② 符合下述情况，在 1.8～2.7 分范围内打分：产品的关键工序及特殊过程有作业指导书，但实际操作未完全遵守作业指导书规定。

③ 符合下述情况，在 1.8 分以下范围内打分：产品的关键工序及特殊过程无作业指导书。

（3）产品防腐蚀施工由具备水工金属结构防腐蚀专业施工能力的企业承担。

1）核查要点

① 产品防腐蚀施工是否由具备水工金属结构防腐蚀专业施工能力的企业承担。

② 受核查企业是否配备有防腐蚀质检员。

2）核查方法

① 询问启闭机产品防腐蚀操作是由企业自身承担还是采取委托的方式。

② 如企业自身承担，查验企业防腐蚀施工资质证书情况；如采用委托方式，查验委托合同及委托企业的施工资质。

③ 查阅受核查企业的防腐蚀质检员资质证书。

3）评分原则（额定分 2 分）

① 符合下述情况，按 2 分打分：启闭机产品防腐蚀施工由具备水工金属结构防腐蚀专业施工能力的企业承担（注：企业自身承担须具备该资质），受核查企业配备有防腐蚀质检员。

② 符合下述情况，按 0 分打分：不能提供由具备水工金属结构防腐蚀专业施工能力的企业承担启闭机产品防腐蚀施工的有效证明。

（4）零部件、焊缝返修工序应在受控范围内（有制度、工艺、记录）。

1）核查要点

① 是否制定零部件、焊缝返修制度，其内容是否完整。

② 是否对零部件、焊缝返修工序实施质量控制，并在有关工艺文件中标明质量控制点。

2）核查方法

① 查看程序文件手册，核查零部件、焊缝返修制度制定情况。

② 查有关工艺文件，看其零部件、焊缝返修工序是否设置了质量控制点，现场抽取 1～3 个质量控制点，查看其执行记录。

3）评分原则（额定分 2 分）

① 符合下述情况，在 1.8～2 分范围内打分：零部件、焊缝返修有制度、有工艺文件，并得到有效执行，记录完整。

② 符合下述情况，在 1.2～1.8 分范围内打分：零部件、焊缝返修有制度、有工艺文件，但工艺文件内容不够完善，执行情况有待加强。

③ 符合下述情况之一，在 1.2 分以下范围内打分：零部件、焊缝返修工序未得到有效控制，未建立相关制度；未制定工艺文件。

14.2.3.3 质检

（1）质检负责人质量意识强，有行使否决权的见证。

1）核查要点

① 质检负责人的任命文件及职责权利。

② 质量负责人是否有基本的质量管理常识，如是否了解产品质量法、标准化法、计量法和《管理办法》及《实施细则》对启闭机生产企业质量责任和义务的要求；是否了解在质量管理中的职责与作用。

③ 质量负责人是否有相关的专业技术知识，如是否了解产品标准、主要性能指标等，是否了解产品生产工艺流程、检验要求。

④ 质量负责人是否有拥有某些影响质量的关键方面及对不合格品的质量否决权，如外协件、外购件供应商的评审，关键生产设备的选取，生产、质量、物资、设备和销售等部门的关键岗位人员的选用等，并有见证记录。

2）核查方法

与企业质量管理负责人进行交谈，查阅有关记录，分析其对相关知识了解的情况及在行使质量否决权方面情况。

3）评分原则（额定分 2 分）

① 符合下述情况，在 1.8～2 分范围内打分：比较熟悉和了解基本的质量管理常识和相关专业技术知识，有行使否决权的见证。

② 符合下述情况，在 1.2～1.8 分范围内打分：对基本的质量管理常识和相关的专业技术知识了解程度一般，行使否决权的见证不全。

③ 符合下述情况之一，在 1.2 分以下范围内打分：不了解产品质量法、标准化法、计量法；不了解《管理办法》、《实施细则》及相关行业性标准对企业的要求。

（2）各工序质检人员配备齐全，质检人员熟悉所检工序的参数和检验标准。

1）核查要点

① 程序文件是否对企业内从事检验活动的专（兼）人员，如外购件、外协件进货检验、生产过程中的工序检验、半成品检验、产品的最终检验、出厂检验人员等有岗位职责方面的要求。

② 质检人员是否熟悉自己的岗位职责，是否掌握产品标准和检验要求，是否

有一定的质量管理知识，是否能熟练、准确地按规定进行检验。

2）核查方法

① 与质检负责人交谈，了解企业质检人员配备情况，查阅检验人员的培训情况。

② 与 3 名检验人员（含原材料进货检验、工序检验、半成品检验、出厂检验人员）进行提问、交谈，了解其是否熟悉岗位职责，掌握相关产品标准、检验要求，并具有一定的质量管理知识。

③ 现场观察检验人员是否能熟练、准确地操作。

3）评分原则（额定分 4 分）

① 同时符合下述情况，在 3.6～4 分范围内打分：检验人员数量满足要求，参加过质量管理知识的培训；抽查的人员均熟悉自己的岗位职责，掌握产品标准和检验要求；有一定的质量管理知识，能熟练、准确地按规定进行检验。

② 符合下述情况之一，在 2.4～3.6 分范围内打分：抽查的质检人员中有不熟悉自己岗位职责的，或未掌握产品标准和检验要求的，或不能熟练、准确地按规定进行检验的情况；抽查的人员有未参加过质量管理知识的培训，未完全掌握必要的质量管理知识；持证检验人员数量不完全满足要求。

③ 符合下述情况，在 2.4 分以下范围内打分：抽查的人员均不熟悉自己的岗位职责，不熟悉产品标准和检验要求，不能熟练、准确地按规定进行检验，不具备质量管理方面的知识。

（3）有产品过程（半成品、成品等）的检验记录；记录填写规范，内容完整；并有质量情况统计资料。

1）核查要点

① 是否有制造启闭机的半成品、成品检验原始记录或检验报告。

② 检验的原始记录是否包含了能正确判别产品合格与否的相应参数，记录是否真实规范，是否能够和便于追溯。

③ 是否对生产的半成品、成品进行了质量情况统计。

2）核查方法

① 抽查启闭机的半成品、成品检验原始记录或检验报告（重点核查半成品、成品的检验情况）；根据检测标准规范，核查原始记录或检验报告的完整性、规范性。

② 抽查质量情况统计资料。

3）评分原则（额定分 6 分）

① 符合下述情况，在 5.4～6 分范围内打分：半成品、成品有完整、规范的检

验原始记录或检验报告，并有质量统计资料。

② 符合下述情况之一，在 3.6～5.4 分范围内打分：只有部分主要原材料、半成品、成品检验的检验原始记录或检验报告；检验原始记录不够完整、规范；质量情况统计资料不全。

③ 符合下述情况之一，在 3.6 分以下范围内打分：无或缺少大部分交付的启闭机产品制造过程检验原始记录；无质量情况统计资料。

14.2.3.4 安全和文明生产

（1）现场光线充足，道路畅通，原材料、设备、器具、工件摆放整齐、清洁。

1）核查要点

① 生产现场是否光线充足，是否地面无垃圾、无杂物；是否道路畅通，标志明显。

② 各种原材料、工位器具、工具箱等物品是否按规定进行管理，整齐洁净、井然有序；设备是否外观清洁，无灰尘、无油污、管路和阀门无跑、冒、滴、漏等现象。

2）核查方法

参观企业下料车间（场所）、加工车间、装配车间、原材料库等生产现场，抽查部分设备、器具，查看文明生产情况。

3）评分原则（额定分 2 分）

① 符合下述情况，在 1.8～2 分范围内打分：厂区、车间现场光线充足，道路畅通，地面干净，原材料、设备、工位器具、工件摆放整齐，外观清洁。

② 符合下述情况，在 1.2～1.8 分范围内打分：厂区车间现场不够整洁，原材料、设备、工位器具、工件的摆放不够整齐。

③ 符合下述情况，在 1.2 分以下范围内打分：生产现场管理混乱，物件摆放凌乱，卫生状况较差。

（2）企业应根据国家有关法律、法规制定安全生产制度并实施。生产设施应有安全防护装置，车间、库房等应配备消防器材，对易燃、易爆等危险品应进行隔离和防护。

1）核查要点

① 是否制定了安全生产制度。

② 危险部位是否有必要的防护措施。

③ 车间、库房等是否配备了消防器材，消防器材是否在有效期内。

④ 是否对易燃、易爆等危险品进行了隔离和防护。

2）核查方法

① 调阅企业的安全生产管理制度及有关安全事故的处理报告，查证企业安全生产管理的有效性。

② 现场查看企业的生产过程有无易于造成伤害的危险部位，查看易燃、易爆等危险品是否进行了隔离和防护。

③ 查看车间、库房是否配备了灭火器或消防栓等器材。

3）评分原则（额定分2分）

① 符合下述情况，在1.8～2分范围内打分：有安全生产管理制度并有效实施，现场无安全隐患。

② 符合下述情况之一，在1.2～1.8分范围内打分：有些设备的安全防护装置不完整；安全生产制度不完善，安全措施欠缺。

③ 符合下述情况之一，在1.2分以下范围内打分：无安全生产制度；危险部位无安全防护装置；无消防器材或过期；易燃、易爆等危险品未进行隔离和防护。

（3）原材料、成品、半成品、返修品、废品等应分类存放，并有标识。

1）核查要点

原材料、成品、半成品、返修品、废品是否按照程序文件的要求做好标识，分类堆放在指定位置。

2）核查方法

现场观察企业的原材料、成品、半成品、返修品、废品的存放情况。

3）评分原则（额定分2分）

① 符合下述情况，在1.8～2分范围内打分：原材料、成品、半成品、返修品、废品分类存放在指定位置，标识清晰。

② 符合下述情况，在1.2～1.8分范围内打分：原材料、成品、半成品、返修品、废品分类存放在指定位置，部分标识不清。

③ 符合下述情况，在1.2分以下范围内打分：原材料、成品、半成品、返修品、废品存放管理及标识混乱。

14.2.4 销售服务

14.2.4.1 有用户服务机构或专人负责，有售后服务制度，销售档案齐全、完整，有用户访问见证

（1）核查要点

① 是否有专门机构或人员负责用户服务工作，其职责和权力是否有明确的规定。

②是否制定了售后服务制度，并能有效地解决用户提出的问题。

③是否建立了齐全、完整的启闭机销售档案。

④是否对用户进行过跟踪访问，有回访反馈记录。

（2）核查方法

① 查看企业的销售服务工作负责人的授权书或岗位职责以及企业的组织结构框图，组织相关人员座谈，核查企业销售服务质量工作框架是否已设置。

② 调阅企业的售后服务制度及有关用户投诉问题的处理报告，查证企业销售管理的有效性。

③ 查阅 3 份启闭机工程应用档案资料，查看归档工作的规范程度。

④ 抽查 3 份用户访问记录，核查记录填写的规范性和内容的完整性。

（3）评分原则（额定分 4 分）

① 符合下述情况，在 3.6～4 分范围内打分：有用户服务机构或有专人负责，有售后服务制度，销售档案齐全、完整，有用户回访记录。

② 符合下述情况，在 2.4～3.6 分范围内打分：有用户服务机构或有专人负责，有售后服务制度，但部分销售档案不齐全，用户回访记录较少。

③ 符合下述情况之一，在 2.4 分以下范围内打分：销售无专人负责；售后服务制度有严重缺陷；工程资料未进行归档管理，无用户回访记录。

14.2.4.2　用户意见处理及时，有用户意见登记、处理意见、处理结果

（1）核查要点

①是否按售后服务制度及时地处理用户意见和建议。

②是否有用户处理执行见证，记录表至少应包括投诉日期、投诉人、联系方式、投诉受理人、负责处理人、处理方式、处理过程记录、处理结果、满意度回访记录等内容。

（2）核查方法

查阅用户意见汇总表，抽查 3～5 份用户意见处理表，查看用户意见是否得到及时回复，是否得到有效解决。

（3）评分原则（额定分 4 分）

① 符合下述情况，在 3.6～4 分范围内打分：用户意见处理及时，程序规范，用户意见表内容完整。

② 符合下述情况，在 2.4～3.6 分范围内打分：部分用户意见表内容不完整，填写欠规范。

③ 符合下述情况之一，在 2.4 分以下范围内打分：无用户意见处理程序；无相关的记录表和记录；对用户意见推诿，相关资料未保存。

14.2.5 计量管理

14.2.5.1 有完善的制度（包括入库验收、维修保养、报废制度等），并有完整的执行记录

（1）核查要点

① 是否建立了与企业生产相适应的计量管理制度，如计量器具入库验收制度，档案管理制度，周期检定、校准制度，在用计量器具的日常自校、维护保养、更新报废制度，计量人员培训教育制度等；

② 计量管理制度是否能有效地贯彻实施，是否有执行记录。

（2）核查方法

检查计量管理制度（至少应包括入库验收、维修保养、报废制度等）的覆盖性和适应性，并根据文件检查执行记录，验证实施情况。

（3）评分原则（额定分 3 分）

① 符合下述情况，在 2.7～3 分范围内打分：有计量管理制度，内容完整，制度执行良好，有执行见证；

② 符合下述情况，在 1.8～2.7 分范围内打分：有计量管理制度，内容不够完整或个别制度未有效执行；

③ 符合下述情况之一，在 1.8 分以下范围内打分：无计量管理制度；有制度，但大部分制度未得到执行。

14.2.5.2 计量器具有专人管理，有台账

（1）核查要点

① 企业是否根据自身工作需要配备专（兼）职的计量器具管理人员，且经过有效专业知识培训，负责日常的各项计量管理工作。

② 计量器具是否建立了台账，说明书、档案是否齐全。

（2）核查方法

① 查看企业的计量管理负责人的授权书或岗位职责以及企业的组织结构框架图，组织相关人员座谈，检查计量管理框架是否已设置。

② 查阅企业计量器具台账，抽取 3～5 件计量器具，查看说明书、档案情况，对抽选的计量器具信息进行验证核对，查看账物是否相符。

（3）评分原则（额定分 2 分）

① 符合下述情况，在 1.8～2 分范围内打分：有专人管理计量器具，有计量器具台账，账物一致。

② 符合下述情况，在 1.2～1.8 分范围内打分：有专人管理计量器具，计量器

具台账不够完善，个别器具账物不符。

③ 符合下述情况之一，在 1.2 分以下范围内打分：无专人管理计量器具；台账严重不完善；大部分计量器具账物不符。

14.2.5.3 计量器具配备齐全，其性能和精度能满足生产需要

（1）核查要点

① 是否有《实施细则》中规定的计量器具。

② 计量器具性能、精度是否能满足生产需要。

（2）核查方法

① 按照产品《实施细则》的要求，对照企业申报材料填写内容逐一核对是否具备必备的计量器具。

② 查看企业计量器具台账，抽查 3～5 件计量器具的检测精度能否满足产品加工、装配、检测要求。

（3）评分原则（额定分 3 分）

① 符合下述情况，在 2.7～3 分范围内打分：全部具备《实施细则》中规定的必备计量器具，且满足检验要求。

② 符合下述情况，在 1.8～2.7 分范围内打分：全部具备《实施细则》中规定的必备计量器具，个别计量器具不能满足检验要求（注：企业此类器具的数量须多于 1 台）。

③ 符合下述情况，按 0 分打分：缺少《实施细则》中规定的任意一项必备计量器具，或任意一项必备计量器具不能满足检验要求（注：企业此类计量器具的数量仅为 1 台）。

14.2.5.4 计量器具应按计量法律、法规进行周期检定，在有效期内并有标识

（1）核查要点

① 在用计量器具和检测设备是否有周期检定计划并落实。

② 在用计量器具和检测设备是否在检定有效期内并有标识。

（2）核查方法

① 在生产现场抽查 3～5 件计量器具，核查其检定或校准的记录或检定证书。

② 在企业生产现场或计量室查看企业的计量器具是否采用标记或标签进行标识，并置于器具的显著位置。

（3）评分原则（额定分 4 分）

① 符合下述情况，在 3.6～4 分范围内打分：在用计量器具基本都在检定有效期内，且均有效标识。

② 符合下述情况，在 2.4～3.6 分范围内打分：少部分在用计量器具未在检定

有效期内（注：企业此类计量器具的数量须多于 1 台）。

③ 符合下述情况，按 0 分评分：在用检验、计量器具大部分未检定或没有标识。

14.2.6 物资管理

14.2.6.1 原材料、外协件、外购件应有质量控制制度，有供方动态评价记录

（1）核查要点

① 是否制定了原材料、外协件、外购件质量控制制度，内容是否完整合理，质量要求是否能满足生产合格产品的要求，实际操作是否与制度一致。

② 是否制定了外购件、外协件供方评价准则，是否按规定对供方进行定期的评价，是否有批准的合格供方名录，是否在合格供方范围内进行采购。

（2）核查方法

① 调阅企业采购或外协加工管理制度或相应的质量控制制度，查其规定能否满足控制要求。

② 从经批准的合格供方名录中，抽取 3～5 个供方评价资料，核查是否按企业规定要求进行了评价。

③ 抽查采购的主要原材料、关键零部件是否在供方目录名单内。

（3）评分原则（额定分 2 分）

① 同时符合下述情况，在 1.8～2 分范围内打分：有采购原、辅材料、零部件及外协加工项目的质量控制制度，内容齐全，实际操作中按规定采购；制定了供方评价准则，对主要的供方及外协单位进行了评价，并从合格供方中进行采购或外协加工；有批准的供方及外协单位名录，并保存相关的记录。

② 符合下述情况之一，在 1.2～1.8 分范围内打分：有采购原、辅材料、零部件及外协加工项目的质量控制制度，内容不够完整合理，实际操作中少部分未按规定采购；制定了供方评价准则，对主要供方及外协单位进行了评价，对影响产品质量的主要原、辅材料和外部协作均从合格供方中进行采购，但记录不全；采购记录不便于追溯；合格供方及外协单位名录未经批准。

③ 符合下述情况之一，在 1.2 分以下范围内打分：无采购原、辅材料、零部件及外协加工项目的质量控制制度；或虽有制度，但重要的原、辅材料未按规定采购；未制定供方评价准则；未对供方及外协单位进行评价；对影响产品质量的主要原、辅材料的采购和外部协作未从合格供方中选择；采购记录严重缺失。

14.2.6.2 原材料到货、发放、回收有制度，有材质证明，有确认标记，并与存档资料相符，具有可追溯性

（1）核查要点

① 是否建立了与原材料到货、发放、回收等管理制度。

② 是否能有效地贯彻实施原材料管理制度，对采购的原、辅材料是否进行了质量检验或者根据有关规定进行质量验证，检验或验证的记录是否齐全。

（2）核查方法

① 调阅企业原材料采购及入库管理相关制度，核查其规定能否满足企业生产要求。

② 现场抽查原材料样本，调阅原材料入库单，核查材质证明或质量验证记录。

（3）评分原则（额定分2分）

① 符合下述情况，在1.8～2分范围内打分：有较完善的采购管理制度，原材料的到货、发放及回收等符合相关制度要求，有材质报告，质量验证记录完整。

② 符合下述情况，在1.2～1.8分范围内打分：制定的原材料到货、发放、回收等采购及入库管理制度内容不够完善或记录不够完整。

③ 符合下述情况之一，在1.2分以下范围内打分：无原材料到货、发放、回收等采购及入库管理制度；不能提供重点材料的质量验证记录。

14.2.6.3 外协件委托合同应标明技术要求和检验要求，有复检记录

（1）核查要点

① 外协件委托合同是否对外协加工件的技术和质量检验要求作出规定，其内容是否能满足生产合格产品的需要。

② 是否对外协件按要求进行复检。

③ 是否保留复检记录。

（2）核查方法

① 调阅3份外协件委托合同，核查其是否标明外协加工件的技术要求和检验要求。

② 查阅复检记录，核查是否符合外购件委托合同要求。

（3）评分原则（额定分2分）

① 符合下述情况，在1.8～2分范围内打分：外购件合同内容完整，对外协加工件进行了复检，检验记录齐全。

② 符合下述情况之一，在1.2～1.8分范围内打分：外购件合同有技术要求和检验要求，但内容没有包含满足生产合格产品需要的全部验证要求；复检有缺漏项或记录不齐全。

③ 符合下述情况之一，在 1.2 分以下范围内打分：外购件合同缺少技术要求和检验要求；内容不满足生产合格产品的需要验证规定；多项内容未按合同要求对外购件和外协加工件进行质量复检；无复检记录。

14.2.6.4 主要外购件应有合格证、说明书，规格型号符合要求

（1）核查要点

① 主要外购件是否从质监总站发布的外购件供方目录中选取。

② 外购件合格证、说明书等资料是否齐全。

（2）核查方法

① 调阅 3 份外购件采购合同，核查其是否是从质监总站发布的外购件供方目录中选取。

② 查阅抽样的外购件合格证、说明书等相关资料。

（3）评分原则（额定分 2 分）

① 符合下述情况，在 1.8～2 分范围内打分：外购件从质监总站颁布的外购件供方目录中选取，合格证、说明书齐全，规格型号符合要求。

② 符合下述情况之一，在 1.2～1.8 分范围内打分：个别外购件非从质监总站颁布的外购件供方目录中选取，但需通过企业的供方评审；个别外购件的合格证、说明书不全。

③ 符合下述情况之一，在 1.2 分以下范围内打分：外购件非从质监总站颁布的外购件供方目录或企业的合格供方目录中选取；部分外购件的合格证、说明书不全。

14.2.6.5 焊材等特殊材料的存放、温度、湿度等应满足要求

（1）核查要点

① 焊接材料是否存放在通风良好、干燥以及必要时能进行烘烤的地点。

② 焊材存放地点是否具备相应的温度计及干湿计，温度、湿度是否满足有关规范要求。

③ 是否有烘干机、保温筒等必要的设备。

（2）核查方法

① 现场查看焊材存放地点情况，是否备有温度计、湿度计、去湿机等。

② 查看焊材存放地点湿度、温度情况。其中一级（工厂）焊材库，应保持库房温度在 10～25℃，相对湿度小于 60%。

③ 查看烘干设备状况。

（3）评分原则（额定分 2 分）

① 符合下述情况，在 1.8～2 分范围内打分：焊接材料入库后得到较妥善保管，

焊材存放地点通风良好、干燥，温度、湿度满足要求，做到按规定进行烘干，各类焊材堆放整齐，排列井然有序。

②符合下述情况，在1.2～1.8分范围内打分：焊材存放地点通风良好，干燥，温度、湿度基本满足要求，但无烘干设备或烘干记录不全，或焊材入库堆放不整齐。

③符合下述情况，在1.2分以下范围内打分：焊接材料保管混乱，温度、湿度不能满足要求。

附录

附录 1 产品检测报告及说明

报告编号：

检 测 报 告

产品名称：＿＿＿＿＿＿＿＿＿＿＿＿＿＿＿＿＿

工程名称：＿＿＿＿＿＿＿＿＿＿＿＿＿＿＿＿＿

委托单位：＿＿＿＿＿＿＿＿＿＿＿＿＿＿＿＿＿

检测类别：＿＿＿＿＿＿＿＿＿＿＿＿＿＿＿＿＿

检测单位名称

二〇××年 × 月

注 意 事 项

1. 报告无检测专用章无效。

2. 报告无编号、无页码和总页码无效。

3. 报告复印件不全且无检测专用章无效。

4. 报告无编写、审核、批准人签字无效。

5. 报告结果只对检测产品负责。

6. 如对报告有异议，可在收到报告后的十五个工作日内提出，逾期不予受理。

地址：   邮编：

电话：   传真：

×××××检测报告

报告编号：

产品名称	螺杆式启闭机	型号规格		
		产品状态		
工程名称	××××××			
委托单位名称	××××××			
委托单位地址	××××××			
制造厂商名称	××××××			
检测地点	××××		检测日期	××××年×月×日
生产数量	×	检测数量	1	产品编号 ××××
检测依据				
检测结论		（章） 批准日期： 年 月 日		
备注				

编写：   审核：   批准：

注：①报告第一行中"×××××"为检测机构名称；

②报告中其他用"×"表示部分，由检测人员根据情况如实填写；

③报告的具体检测项目根据检测的情况进行编写。

附录 2　中华人民共和国行政许可法

中华人民共和国主席令

第 7 号

《中华人民共和国行政许可法》已由中华人民共和国第十届全国人民代表大会常务委员会第四次会议于 2003 年 8 月 27 日通过，现予公布，自 2004 年 7 月 1 日起施行。

中华人民共和国主席　胡锦涛

二〇〇三年八月二十七日

中华人民共和国行政许可法

第一章　总　则

第一条　为了规范行政许可的设定和实施，保护公民、法人和其他组织的合法权益，维护公共利益和社会秩序，保障和监督行政机关有效实施行政管理，根据宪法，制定本法。

第二条　本法所称行政许可，是指行政机关根据公民、法人或者其他组织的申请，经依法审查，准予其从事特定活动的行为。

第三条　行政许可的设定和实施，适用本法。

有关行政机关对其他机关或者对其直接管理的事业单位的人事、财务、外事等事项的审批，不适用本法。

第四条　设定和实施行政许可，应当依照法定的权限、范围、条件和程序。

第五条　设定和实施行政许可，应当遵循公开、公平、公正的原则。

有关行政许可的规定应当公布；未经公布的，不得作为实施行政许可的依据。行政许可的实施和结果，除涉及国家秘密、商业秘密或者个人隐私的外，应当公开。

符合法定条件、标准的，申请人有依法取得行政许可的平等权利，行政机关不得歧视。

第六条　实施行政许可，应当遵循便民的原则，提高办事效率，提供优质服务。

第七条　公民、法人或者其他组织对行政机关实施行政许可，享有陈述权、申辩权；有权依法申请行政复议或者提起行政诉讼；其合法权益因行政机关违法实施行政许可受到损害的，有权依法要求赔偿。

第八条　公民、法人或者其他组织依法取得的行政许可受法律保护，行政机关不得擅自改变已经生效的行政许可。

行政许可所依据的法律、法规、规章修改或者废止，或者准予行政许可所依据的客观情况发生重大变化的，为了公共利益的需要，行政机关可以依法变更或者撤回已经生效的行政许可。由此给公民、法人或者其他组织造成财产损失的，行政机关应当依法给予补偿。

第九条　依法取得的行政许可，除法律、法规规定依照法定条件和程序可以转让的外，不得转让。

第十条　县级以上人民政府应当建立健全对行政机关实施行政许可的监督制度，加强对行政机关实施行政许可的监督检查。

行政机关应当对公民、法人或者其他组织从事行政许可事项的活动实施有效监督。

第二章　行政许可的设定

第十一条　设定行政许可，应当遵循经济和社会发展规律，有利于发挥公民、法人或者其他组织的积极性、主动性，维护公共利益和社会秩序，促进经济、社会和生态环境协调发展。

第十二条　下列事项可以设定行政许可：

（一）直接涉及国家安全、公共安全、经济宏观调控、生态环境保护以及直接关系人身健康、生命财产安全等特定活动，需要按照法定条件予以批准的事项；

（二）有限自然资源开发利用、公共资源配置以及直接关系公共利益的特定行业的市场准入等，需要赋予特定权利的事项；

（三）提供公众服务并且直接关系公共利益的职业、行业，需要确定具备特殊信誉、特殊条件或者特殊技能等资格、资质的事项；

（四）直接关系公共安全、人身健康、生命财产安全的重要设备、设施、产品、物品，需要按照技术标准、技术规范，通过检验、检测、检疫等方式进行审定的事项；

（五）企业或者其他组织的设立等，需要确定主体资格的事项；

（六）法律、行政法规规定可以设定行政许可的其他事项。

第十三条 本法第十二条所列事项，通过下列方式能够予以规范的，可以不设行政许可：

（一）公民、法人或者其他组织能够自主决定的；

（二）市场竞争机制能够有效调节的；

（三）行业组织或者中介机构能够自律管理的；

（四）行政机关采用事后监督等其他行政管理方式能够解决的。

第十四条 本法第十二条所列事项，法律可以设定行政许可。尚未制定法律的，行政法规可以设定行政许可。

必要时，国务院可以采用发布决定的方式设定行政许可。实施后，除临时性行政许可事项外，国务院应当及时提请全国人民代表大会及其常务委员会制定法律，或者自行制定行政法规。

第十五条 本法第十二条所列事项，尚未制定法律、行政法规的，地方性法规可以设定行政许可；尚未制定法律、行政法规和地方性法规的，因行政管理的需要，确需立即实施行政许可的，省、自治区、直辖市人民政府规章可以设定临时性的行政许可。临时性的行政许可实施满一年需要继续实施的，应当提请本级人民代表大会及其常务委员会制定地方性法规。

地方性法规和省、自治区、直辖市人民政府规章，不得设定应当由国家统一确定的公民、法人或者其他组织的资格、资质的行政许可；不得设定企业或者其他组织的设立登记及其前置性行政许可。其设定的行政许可，不得限制其他地区的个人或者企业到本地区从事生产经营和提供服务，不得限制其他地区的商品进入本地区市场。

第十六条 行政法规可以在法律设定的行政许可事项范围内，对实施该行政许可作出具体规定。

地方性法规可以在法律、行政法规设定的行政许可事项范围内，对实施该行政许可作出具体规定。

规章可以在上位法设定的行政许可事项范围内，对实施该行政许可作出具体规定。

法规、规章对实施上位法设定的行政许可作出的具体规定，不得增设行政许可；对行政许可条件作出的具体规定，不得增设违反上位法的其他条件。

第十七条　除本法第十四条、第十五条规定的外，其他规范性文件一律不得设定行政许可。

第十八条　设定行政许可，应当规定行政许可的实施机关、条件、程序、期限。

第十九条　起草法律草案、法规草案和省、自治区、直辖市人民政府规章草案，拟设定行政许可的，起草单位应当采取听证会、论证会等形式听取意见，并向制定机关说明设定该行政许可的必要性、对经济和社会可能产生的影响以及听取和采纳意见的情况。

第二十条　行政许可的设定机关应当定期对其设定的行政许可进行评价；对已设定的行政许可，认为通过本法第十三条所列方式能够解决的，应当对设定该行政许可的规定及时予以修改或者废止。

行政许可的实施机关可以对已设定的行政许可的实施情况及存在的必要性适时进行评价，并将意见报告该行政许可的设定机关。

公民、法人或者其他组织可以向行政许可的设定机关和实施机关就行政许可的设定和实施提出意见和建议。

第二十一条　省、自治区、直辖市人民政府对行政法规设定的有关经济事务的行政许可，根据本行政区域经济和社会发展情况，认为通过本法第十三条所列方式能够解决的，报国务院批准后，可以在本行政区域内停止实施该行政许可。

第三章　行政许可的实施机关

第二十二条　行政许可由具有行政许可权的行政机关在其法定职权范围内实施。

第二十三条　法律、法规授权的具有管理公共事务职能的组织，在法定授权范围内，以自己的名义实施行政许可。被授权的组织适用本法有关行政机关的规定。

第二十四条　行政机关在其法定职权范围内，依照法律、法规、规章的规定，可以委托其他行政机关实施行政许可。委托机关应当将受委托行政机关和受委托实施行政许可的内容予以公告。

委托行政机关对受委托行政机关实施行政许可的行为应当负责监督，并对该行为的后果承担法律责任。

受委托行政机关在委托范围内，以委托行政机关名义实施行政许可；不得再委托其他组织或者个人实施行政许可。

第二十五条 经国务院批准，省、自治区、直辖市人民政府根据精简、统一、效能的原则，可以决定一个行政机关行使有关行政机关的行政许可权。

第二十六条 行政许可需要行政机关内设的多个机构办理的，该行政机关应当确定一个机构统一受理行政许可申请，统一送达行政许可决定。

行政许可依法由地方人民政府两个以上部门分别实施的，本级人民政府可以确定一个部门受理行政许可申请并转告有关部门分别提出意见后统一办理，或者组织有关部门联合办理、集中办理。

第二十七条 行政机关实施行政许可，不得向申请人提出购买指定商品、接受有偿服务等不正当要求。

行政机关工作人员办理行政许可，不得索取或者收受申请人的财物，不得谋取其他利益。

第二十八条 对直接关系公共安全、人身健康、生命财产安全的设备、设施、产品、物品的检验、检测、检疫，除法律、行政法规规定由行政机关实施的外，应当逐步由符合法定条件的专业技术组织实施。专业技术组织及其有关人员对所实施的检验、检测、检疫结论承担法律责任。

第四章　行政许可的实施程序

第一节　申请与受理

第二十九条 公民、法人或者其他组织从事特定活动，依法需要取得行政许可的，应当向行政机关提出申请。申请书需要采用格式文本的，行政机关应当向申请人提供行政许可申请书格式文本。申请书格式文本中不得包含与申请行政许可事项没有直接关系的内容。

申请人可以委托代理人提出行政许可申请。但是，依法应当由申请人到行政机关办公场所提出行政许可申请的除外。

行政许可申请可以通过信函、电报、电传、传真、电子数据交换和电子邮件等方式提出。

第三十条 行政机关应当将法律、法规、规章规定的有关行政许可的事项、依据、条件、数量、程序、期限以及需要提交的全部材料的目录和申请书示范文本等在办公场所公示。

申请人要求行政机关对公示内容予以说明、解释的，行政机关应当说明、解释，提供准确、可靠的信息。

第三十一条　申请人申请行政许可，应当如实向行政机关提交有关材料和反映真实情况，并对其申请材料实质内容的真实性负责。行政机关不得要求申请人提交与其申请的行政许可事项无关的技术资料和其他材料。

第三十二条　行政机关对申请人提出的行政许可申请，应当根据下列情况分别作出处理：

（一）申请事项依法不需要取得行政许可的，应当即时告知申请人不受理；

（二）申请事项依法不属于本行政机关职权范围的，应当即时作出不予受理的决定，并告知申请人向有关行政机关申请；

（三）申请材料存在可以当场更正的错误的，应当允许申请人当场更正；

（四）申请材料不齐全或者不符合法定形式的，应当当场或者在五日内一次告知申请人需要补正的全部内容，逾期不告知的，自收到申请材料之日起即为受理；

（五）申请事项属于本行政机关职权范围，申请材料齐全、符合法定形式，或者申请人按照本行政机关的要求提交全部补正申请材料的，应当受理行政许可申请。

行政机关受理或者不予受理行政许可申请，应当出具加盖本行政机关专用印章和注明日期的书面凭证。

第三十三条　行政机关应当建立和完善有关制度，推行电子政务，在行政机关的网站上公布行政许可事项，方便申请人采取数据电文等方式提出行政许可申请；应当与其他行政机关共享有关行政许可信息，提高办事效率。

第二节　审查与决定

第三十四条　行政机关应当对申请人提交的申请材料进行审查。

申请人提交的申请材料齐全、符合法定形式，行政机关能够当场作出决定的，应当当场作出书面的行政许可决定。

根据法定条件和程序，需要对申请材料的实质内容进行核实的，行政机关应当指派两名以上工作人员进行核查。

第三十五条　依法应当先经下级行政机关审查后报上级行政机关决定的行政许可，下级行政机关应当在法定期限内将初步审查意见和全部申请材料直接报送上级行政机关。上级行政机关不得要求申请人重复提供申请材料。

第三十六条　行政机关对行政许可申请进行审查时，发现行政许可事项直接关系他人重大利益的，应当告知该利害关系人。申请人、利害关系人有权进行陈述和申辩。行政机关应当听取申请人、利害关系人的意见。

第三十七条 行政机关对行政许可申请进行审查后，除当场作出行政许可决定的外，应当在法定期限内按照规定程序作出行政许可决定。

第三十八条 申请人的申请符合法定条件、标准的，行政机关应当依法作出准予行政许可的书面决定。

行政机关依法作出不予行政许可的书面决定的，应当说明理由，并告知申请人享有依法申请行政复议或者提起行政诉讼的权利。

第三十九条 行政机关作出准予行政许可的决定，需要颁发行政许可证件的，应当向申请人颁发加盖本行政机关印章的下列行政许可证件：

（一）许可证、执照或者其他许可证书；

（二）资格证、资质证或者其他合格证书；

（三）行政机关的批准文件或者证明文件；

（四）法律、法规规定的其他行政许可证件。

行政机关实施检验、检测、检疫的，可以在检验、检测、检疫合格的设备、设施、产品、物品上加贴标签或者加盖检验、检测、检疫印章。

第四十条 行政机关作出的准予行政许可决定，应当予以公开，公众有权查阅。

第四十一条 法律、行政法规设定的行政许可，其适用范围没有地域限制的，申请人取得的行政许可在全国范围内有效。

第三节　期　限

第四十二条 除可以当场作出行政许可决定的外，行政机关应当自受理行政许可申请之日起二十日内作出行政许可决定。二十日内不能作出决定的，经本行政机关负责人批准，可以延长十日，并应当将延长期限的理由告知申请人。但是，法律、法规另有规定的，依照其规定。

依照本法第二十六条的规定，行政许可采取统一办理或者联合办理、集中办理的，办理的时间不得超过四十五日；四十五日内不能办结的，经本级人民政府负责人批准，可以延长十五日，并应当将延长期限的理由告知申请人。

第四十三条 依法应当先经下级行政机关审查后报上级行政机关决定的行政许可，下级行政机关应当自其受理行政许可申请之日起二十日内审查完毕。但是，法律、法规另有规定的，依照其规定。

第四十四条 行政机关作出准予行政许可的决定，应当自作出决定之日起十日内向申请人颁发、送达行政许可证件，或者加贴标签、加盖检验、检测、检疫印章。

第四十五条　行政机关作出行政许可决定，依法需要听证、招标、拍卖、检验、检测、检疫、鉴定和专家评审的，所需时间不计算在本节规定的期限内。行政机关应当将所需时间书面告知申请人。

第四节　听　证

第四十六条　法律、法规、规章规定实施行政许可应当听证的事项，或者行政机关认为需要听证的其他涉及公共利益的重大行政许可事项，行政机关应当向社会公告，并举行听证。

第四十七条　行政许可直接涉及申请人与他人之间重大利益关系的，行政机关在作出行政许可决定前，应当告知申请人、利害关系人享有要求听证的权利；申请人、利害关系人在被告知听证权利之日起五日内提出听证申请的，行政机关应当在二十日内组织听证。

申请人、利害关系人不承担行政机关组织听证的费用。

第四十八条　听证按照下列程序进行：

（一）行政机关应当于举行听证的七日前将举行听证的时间、地点通知申请人、利害关系人，必要时予以公告；

（二）听证应当公开举行；

（三）行政机关应当指定审查该行政许可申请的工作人员以外的人员为听证主持人，申请人、利害关系人认为主持人与该行政许可事项有直接利害关系的，有权申请回避；

（四）举行听证时，审查该行政许可申请的工作人员应当提供审查意见的证据、理由，申请人、利害关系人可以提出证据，并进行申辩和质证；

（五）听证应当制作笔录，听证笔录应当交听证参加人确认无误后签字或者盖章。

行政机关应当根据听证笔录，作出行政许可决定。

第五节　变更与延续

第四十九条　被许可人要求变更行政许可事项的，应当向作出行政许可决定的行政机关提出申请；符合法定条件、标准的，行政机关应当依法办理变更手续。

第五十条　被许可人需要延续依法取得的行政许可的有效期的，应当在该行政许可有效期届满三十日前向作出行政许可决定的行政机关提出申请。但是，法律、法规、规章另有规定的，依照其规定。

行政机关应当根据被许可人的申请，在该行政许可有效期届满前作出是否准予延续的决定；逾期未作决定的，视为准予延续。

第六节　特别规定

第五十一条　实施行政许可的程序，本节有规定的，适用本节规定；本节没有规定的，适用本章其他有关规定。

第五十二条　国务院实施行政许可的程序，适用有关法律、行政法规的规定。

第五十三条　实施本法第十二条第二项所列事项的行政许可的，行政机关应当通过招标、拍卖等公平竞争的方式作出决定。但是，法律、行政法规另有规定的，依照其规定。

行政机关通过招标、拍卖等方式作出行政许可决定的具体程序，依照有关法律、行政法规的规定。

行政机关按照招标、拍卖程序确定中标人、买受人后，应当作出准予行政许可的决定，并依法向中标人、买受人颁发行政许可证件。

行政机关违反本条规定，不采用招标、拍卖方式，或者违反招标、拍卖程序，损害申请人合法权益的，申请人可以依法申请行政复议或者提起行政诉讼。

第五十四条　实施本法第十二条第三项所列事项的行政许可，赋予公民特定资格，依法应当举行国家考试的，行政机关根据考试成绩和其他法定条件作出行政许可决定；赋予法人或者其他组织特定的资格、资质的，行政机关根据申请人的专业人员构成、技术条件、经营业绩和管理水平等的考核结果作出行政许可决定。但是，法律、行政法规另有规定的，依照其规定。

公民特定资格的考试依法由行政机关或者行业组织实施，公开举行。行政机关或者行业组织应当事先公布资格考试的报名条件、报考办法、考试科目以及考试大纲。但是，不得组织强制性的资格考试的考前培训，不得指定教材或者其他助考材料。

第五十五条　实施本法第十二条第四项所列事项的行政许可的，应当按照技术标准、技术规范依法进行检验、检测、检疫，行政机关根据检验、检测、检疫的结果作出行政许可决定。

行政机关实施检验、检测、检疫，应当自受理申请之日起五日内指派两名以上工作人员按照技术标准、技术规范进行检验、检测、检疫。不需要对检验、检测、检疫结果作进一步技术分析即可认定设备、设施、产品、物品是否符合技术标准、技术规范的，行政机关应当当场作出行政许可决定。

行政机关根据检验、检测、检疫结果，作出不予行政许可决定的，应当书面说明不予行政许可所依据的技术标准、技术规范。

第五十六条　实施本法第十二条第五项所列事项的行政许可，申请人提交的申请材料齐全、符合法定形式的，行政机关应当当场予以登记。需要对申请材料的实质内容进行核实的，行政机关依照本法第三十四条第三款的规定办理。

第五十七条　有数量限制的行政许可，两个或者两个以上申请人的申请均符合法定条件、标准的，行政机关应当根据受理行政许可申请的先后顺序作出准予行政许可的决定。但是，法律、行政法规另有规定的，依照其规定。

第五章　行政许可的费用

第五十八条　行政机关实施行政许可和对行政许可事项进行监督检查，不得收取任何费用。但是，法律、行政法规另有规定的，依照其规定。

行政机关提供行政许可申请书格式文本，不得收费。

行政机关实施行政许可所需经费应当列入本行政机关的预算，由本级财政予以保障，按照批准的预算予以核拨。

第五十九条　行政机关实施行政许可，依照法律、行政法规收取费用的，应当按照公布的法定项目和标准收费；所收取的费用必须全部上缴国库，任何机关或者个人不得以任何形式截留、挪用、私分或者变相私分。财政部门不得以任何形式向行政机关返还或者变相返还实施行政许可所收取的费用。

第六章　监督检查

第六十条　上级行政机关应当加强对下级行政机关实施行政许可的监督检查，及时纠正行政许可实施中的违法行为。

第六十一条　行政机关应当建立健全监督制度，通过核查反映被许可人从事行政许可事项活动情况的有关材料，履行监督责任。

行政机关依法对被许可人从事行政许可事项的活动进行监督检查时，应当将监督检查的情况和处理结果予以记录，由监督检查人员签字后归档。公众有权查阅行政机关监督检查记录。

行政机关应当创造条件，实现与被许可人、其他有关行政机关的计算机档案系统互联，核查被许可人从事行政许可事项活动情况。

第六十二条　行政机关可以对被许可人生产经营的产品依法进行抽样检查、检验、检测，对其生产经营场所依法进行实地检查。检查时，行政机关可以依法查阅或者要求被许可人报送有关材料；被许可人应当如实提供有关情况和材料。

行政机关根据法律、行政法规的规定，对直接关系公共安全、人身健康、生命财产安全的重要设备、设施进行定期检验。对检验合格的，行政机关应当发给相应的证明文件。

第六十三条 行政机关实施监督检查，不得妨碍被许可人正常的生产经营活动，不得索取或者收受被许可人的财物，不得谋取其他利益。

第六十四条 被许可人在作出行政许可决定的行政机关管辖区域外违法从事行政许可事项活动的，违法行为发生地的行政机关应当依法将被许可人的违法事实、处理结果抄告作出行政许可决定的行政机关。

第六十五条 个人和组织发现违法从事行政许可事项的活动，有权向行政机关举报，行政机关应当及时核实、处理。

第六十六条 被许可人未依法履行开发利用自然资源义务或者未依法履行利用公共资源义务的，行政机关应当责令限期改正；被许可人在规定期限内不改正的，行政机关应当依照有关法律、行政法规的规定予以处理。

第六十七条 取得直接关系公共利益的特定行业的市场准入行政许可的被许可人，应当按照国家规定的服务标准、资费标准和行政机关依法规定的条件，向用户提供安全、方便、稳定和价格合理的服务，并履行普遍服务的义务；未经作出行政许可决定的行政机关批准，不得擅自停业、歇业。

被许可人不履行前款规定的义务的，行政机关应当责令限期改正，或者依法采取有效措施督促其履行义务。

第六十八条 对直接关系公共安全、人身健康、生命财产安全的重要设备、设施，行政机关应当督促设计、建造、安装和使用单位建立相应的自检制度。

行政机关在监督检查时，发现直接关系公共安全、人身健康、生命财产安全的重要设备、设施存在安全隐患的，应当责令停止建造、安装和使用，并责令设计、建造、安装和使用单位立即改正。

第六十九条 有下列情形之一的，作出行政许可决定的行政机关或者其上级行政机关，根据利害关系人的请求或者依据职权，可以撤销行政许可：

（一）行政机关工作人员滥用职权、玩忽职守作出准予行政许可决定的；

（二）超越法定职权作出准予行政许可决定的；

（三）违反法定程序作出准予行政许可决定的；

（四）对不具备申请资格或者不符合法定条件的申请人准予行政许可的；

（五）依法可以撤销行政许可的其他情形。

被许可人以欺骗、贿赂等不正当手段取得行政许可的，应当予以撤销。

依照前两款的规定撤销行政许可，可能对公共利益造成重大损害的，不予撤销。

依照本条第一款的规定撤销行政许可，被许可人的合法权益受到损害的，行政机关应当依法给予赔偿。依照本条第二款的规定撤销行政许可的，被许可人基于行政许可取得的利益不受保护。

第七十条　有下列情形之一的，行政机关应当依法办理有关行政许可的注销手续：

（一）行政许可有效期届满未延续的；

（二）赋予公民特定资格的行政许可，该公民死亡或者丧失行为能力的；

（三）法人或者其他组织依法终止的；

（四）行政许可依法被撤销、撤回，或者行政许可证件依法被吊销的；

（五）因不可抗力导致行政许可事项无法实施的；

（六）法律、法规规定的应当注销行政许可的其他情形。

第七章　法律责任

第七十一条　违反本法第十七条规定设定的行政许可，有关机关应当责令设定该行政许可的机关改正，或者依法予以撤销。

第七十二条　行政机关及其工作人员违反本法的规定，有下列情形之一的，由其上级行政机关或者监察机关责令改正；情节严重的，对直接负责的主管人员和其他直接责任人员依法给予行政处分：

（一）对符合法定条件的行政许可申请不予受理的；

（二）不在办公场所公示依法应当公示的材料的；

（三）在受理、审查、决定行政许可过程中，未向申请人、利害关系人履行法定告知义务的；

（四）申请人提交的申请材料不齐全、不符合法定形式，不一次告知申请人必须补正的全部内容的；

（五）未依法说明不受理行政许可申请或者不予行政许可的理由的；

（六）依法应当举行听证而不举行听证的。

第七十三条　行政机关工作人员办理行政许可、实施监督检查，索取或者收受他人财物或者谋取其他利益，构成犯罪的，依法追究刑事责任；尚不构成犯罪的，依法给予行政处分。

第七十四条　行政机关实施行政许可，有下列情形之一的，由其上级行政机关或者监察机关责令改正，对直接负责的主管人员和其他直接责任人员依法给予行政处分；构成犯罪的，依法追究刑事责任：

（一）对不符合法定条件的申请人准予行政许可或者超越法定职权作出准予

行政许可决定的；

（二）对符合法定条件的申请人不予行政许可或者不在法定期限内作出准予行政许可决定的；

（三）依法应当根据招标、拍卖结果或者考试成绩择优作出准予行政许可决定，未经招标、拍卖或者考试，或者不根据招标、拍卖结果或者考试成绩择优作出准予行政许可决定的。

第七十五条 行政机关实施行政许可，擅自收费或者不按照法定项目和标准收费的，由其上级行政机关或者监察机关责令退还非法收取的费用；对直接负责的主管人员和其他直接责任人员依法给予行政处分。

截留、挪用、私分或者变相私分实施行政许可依法收取的费用的，予以追缴；对直接负责的主管人员和其他直接责任人员依法给予行政处分；构成犯罪的，依法追究刑事责任。

第七十六条 行政机关违法实施行政许可，给当事人的合法权益造成损害的，应当依照国家赔偿法的规定给予赔偿。

第七十七条 行政机关不依法履行监督职责或者监督不力，造成严重后果的，由其上级行政机关或者监察机关责令改正，对直接负责的主管人员和其他直接责任人员依法给予行政处分；构成犯罪的，依法追究刑事责任。

第七十八条 行政许可申请人隐瞒有关情况或者提供虚假材料申请行政许可的，行政机关不予受理或者不予行政许可，并给予警告；行政许可申请属于直接关系公共安全、人身健康、生命财产安全事项的，申请人在一年内不得再次申请该行政许可。

第七十九条 被许可人以欺骗、贿赂等不正当手段取得行政许可的，行政机关应当依法给予行政处罚；取得的行政许可属于直接关系公共安全、人身健康、生命财产安全事项的，申请人在三年内不得再次申请该行政许可；构成犯罪的，依法追究刑事责任。

第八十条 被许可人有下列行为之一的，行政机关应当依法给予行政处罚；构成犯罪的，依法追究刑事责任：

（一）涂改、倒卖、出租、出借行政许可证件，或者以其他形式非法转让行政许可的；

（二）超越行政许可范围进行活动的；

（三）向负责监督检查的行政机关隐瞒有关情况、提供虚假材料或者拒绝提供反映其活动情况的真实材料的；

（四）法律、法规、规章规定的其他违法行为。

第八十一条 公民、法人或者其他组织未经行政许可，擅自从事依法应当取得行政许可的活动的，行政机关应当依法采取措施予以制止，并依法给予行政处罚；构成犯罪的，依法追究刑事责任。

第八章 附　则

第八十二条 本法规定的行政机关实施行政许可的期限以工作日计算，不含法定节假日。

第八十三条 本法自 2004 年 7 月 1 日起施行。

本法施行前有关行政许可的规定，制定机关应当依照本法规定予以清理；不符合本法规定的，自本法施行之日起停止执行。

附录3　水利工程启闭机使用许可管理办法

中华人民共和国水利部令

第 41 号

《水利工程启闭机使用许可管理办法》已审议通过，现予以公布，自 2010 年 12 月 1 日起施行。

部长　陈雷

二〇一〇年十月十日

水利工程启闭机使用许可管理办法

第一条　为了加强对水利工程启闭机质量的监督管理，保障水利工程运行安全，根据《中华人民共和国行政许可法》、《国务院对确需保留的行政审批项目设定行政许可的决定》，制定本办法。

第二条　水利工程启闭机生产及使用许可的实施和监督管理，适用本办法。列入《特种设备安全监察条例》规定的特种设备目录的，适用该条例。

本办法所称启闭机，是指水利工程中用于开启和关闭闸门、起吊和安放拦污栅的专用设备。

第三条　国务院水行政主管部门负责启闭机生产及使用许可的实施和监督管理工作。

第四条　生产启闭机的企业，应当按照本办法规定向国务院水行政主管部门申请取得水利工程启闭机使用许可证。

企业未取得水利工程启闭机使用许可证的，不得参加水利工程启闭机的投标，其生产的启闭机禁止在水利工程中使用。

第五条 申请水利工程启闭机使用许可证，应当具备下列条件：

（一）具有企业法人资格；

（二）具有相应的注册资金；

（三）具有与生产启闭机相适应的专业技术人员和特殊工种人员；

（四）具有与生产启闭机相适应的生产设备、工艺装备、计量器具和检测设备；

（五）具有有效运行的质量管理体系；

（六）启闭机产品质量达到有关技术标准的要求；

（七）法律法规规定的其他条件。

前款第（二）、（三）、（四）、（五）项规定条件的具体要求见附件。

第六条 申请水利工程启闭机使用许可证，应当提交以下申请材料：

（一）申请书一式两份；

（二）企业法人营业执照复印件；

（三）专业技术人员、特殊工种人员名单；

（四）主要生产设备、工艺装备、计量器具和检测设备清单；

（五）质量管理体系相关材料；

（六）生产的启闭机在水利工程中使用的情况。

申请人应当在申请书中明确拟申请使用许可证的启闭机产品的型式和规格；申请两种以上型式的，可以一并提出申请。启闭机产品的型式和规格划分见附件。

申请人应当如实提交有关材料，并对申请材料的真实性负责。

第七条 国务院水行政主管部门收到申请材料后，应当依法作出是否受理的决定，并向申请人出具书面凭证。申请材料不齐全或者不符合法定形式的，应当在五个工作日内一次告知申请人需要补正的全部内容。

第八条 国务院水行政主管部门受理申请后，组织对企业应当具备的条件进行核查；核查自受理申请之日起二十个工作日内完成；核查合格的，通知企业开展产品质量检测。企业应当自收到通知之日起二十个工作日内提交产品质量检测报告。

第九条 产品质量检测由按照《水利工程质量检测管理规定》取得金属结构类甲级资质的水利工程质量检测单位承担。质量检测单位应当按照有关标准和要求抽取样机进行检测，出具产品质量检测报告，并对产品质量检测报告负责。

第十条 国务院水行政主管部门应当根据核查情况和产品质量检测报告，自受理申请之日起二十个工作日内（不包括核查、产品质量检测所需的时间）作出是否许可的决定。符合条件的，准予许可，颁发水利工程启闭机使用许可证；不符合条件的，不予许可，书面通知申请人，并说明理由。

第十一条 水利工程启闭机使用许可证应当载明企业名称、住所、生产地址、产品型式和规格、证书编号、有效期等内容。

企业取得某种型式和规格产品的水利工程启闭机使用许可证的，可以生产该种型式和规格以及同一型式内小于该种规格的启闭机。

第十二条 取得水利工程启闭机使用许可证的企业，需要提高启闭机产品规格或者增加产品型式的，应当依照本办法第六条的规定提出申请。

第十三条 水利工程启闭机使用许可证的有效期为五年。

水利工程启闭机使用许可证期满需要延续的，应当在有效期届满六十个工作日前向国务院水行政主管部门提出申请。国务院水行政主管部门应当在有效期届满前作出是否延续的决定。

第十四条 企业变更名称、住所、法定代表人的，应当自发生变更之日起三十个工作日内向国务院水行政主管部门申请办理水利工程启闭机使用许可证的变更手续。

生产地址迁移的，应当向国务院水行政主管部门申请重新核查，经核查合格后方可办理变更手续。

第十五条 企业组织启闭机的生产，应当使用符合国家和行业技术标准的设计文件。

第十六条 启闭机出厂前应当经检验合格，并在产品包装、质量证明书或者产品合格证上标明使用许可证的编号及有效期。

第十七条 启闭机的安装、运行、维修，应当执行水利工程建设与管理的相关法律法规规章和技术标准。

第十八条 国务院水行政主管部门应当加强对启闭机生产及使用许可实施情况的监督检查。监督检查内容包括：

（一）是否按照许可证规定的型式和规格进行启闭机生产；

（二）是否使用符合技术标准的设计文件；

（三）是否按照有关技术标准组织启闭机的生产；

（四）是否有涂改、倒卖、出租、出借或者以其他形式非法转让许可证的行为；

（五）企业生产能力、质量管理和产品质量情况；

（六）水利工程中使用的启闭机是否由取得水利工程启闭机使用许可证的企业生产并经检验合格。

第十九条 国务院水行政主管部门实施监督检查时，可以采取下列措施：

（一）要求提供相关的文件和资料；

（二）进入生产场地进行现场检查；

（三）对产品进行抽样检测；

（四）对不符合本办法规定的行为责令改正。

第二十条　启闭机生产及使用许可的实施和监督管理部门及其工作人员，有下列行为之一的，由其上级行政机关或者监察机关责令改正；情节严重的，对直接负责的主管人员和其他直接责任人员依法给予行政处分；构成犯罪的，依法追究刑事责任：

（一）对符合条件的申请不予受理的；

（二）对符合条件的申请不在法定期限内作出许可决定或者不予颁发水利工程启闭机使用许可证的；

（三）对不符合条件的申请颁发水利工程启闭机使用许可证的；

（四）利用职务上的便利，索取或者收受他人财物或者谋取其他利益的；

（五）不依法履行监督职责或者监督不力，造成严重后果的。

第二十一条　申请人隐瞒有关情况或者提供虚假材料申请水利工程启闭机使用许可证的，不予受理或者不予许可，并给予警告，申请人在一年内不得再次申请。

第二十二条　以欺骗、贿赂等不正当手段取得水利工程启闭机使用许可证的，由国务院水行政主管部门撤销许可，处三万元以下罚款，申请人在三年内不得再次申请；构成犯罪的，依法追究刑事责任。

第二十三条　取得水利工程启闭机使用许可证的企业，有下列行为之一的，由国务院水行政主管部门责令改正，处三万元以下罚款；构成犯罪的，依法追究刑事责任：

（一）涂改、倒卖、出租、出借或者以其他形式非法转让水利工程启闭机使用许可证的；

（二）未按照水利工程启闭机使用许可证规定的型式和规格进行生产的；

（三）拒绝接受监督检查或者在监督检查中隐瞒有关情况、提供虚假材料的。

第二十四条　企业未取得水利工程启闭机使用许可证，进行启闭机生产的，由国务院水行政主管部门责令改正，予以通报，并处三万元以下罚款；构成犯罪的，依法追究刑事责任。

第二十五条　水利工程中使用未取得水利工程启闭机使用许可证的企业生产的启闭机或者使用未经检验合格的启闭机的，依照水利工程建设与管理的相关法律法规规章的规定处罚。

第二十六条 本办法施行前已经取得的水利工程启闭机使用许可证，在有效期内继续有效。

第二十七条 本办法自 2010 年 12 月 1 日起施行。2003 年 6 月 25 日水利部发布的《水利工程启闭机使用许可证管理办法》（水综合[2003]277 号印发 根据 2005 年 7 月 8 日《水利部关于修改或者废止部分水利行政许可规范性文件的决定》修改）同时废止。

附件

一、启闭机产品的型式及规格划分

型式	规格	启闭力（以单吊点计）/kN
螺杆式	小型	$Q \leqslant 250$
	中型	$250 < Q \leqslant 500$
	大型	$Q > 500$
固定卷扬式	小型	$Q \leqslant 500$
	中型	$500 < Q \leqslant 1\,250$
	大型	$1\,250 < Q \leqslant 3\,200$
	超大型	$Q > 3\,200$
移动式 （含门式、桥式和台车式）	小型	$Q \leqslant 500$
	中型	$500 < Q \leqslant 800$
	大型	$800 < Q \leqslant 2\,500$
	超大型	$Q > 2\,500$
液压式	小型	$Q \leqslant 800$
	中型	$800 < Q \leqslant 1\,600$
	大型	$1\,600 < Q \leqslant 3\,200$
	超大型	$Q > 3\,200$

二、企业注册资金要求

型　式	规格	注册资金（≥）/万元
螺杆式	小型	50
	中型	100
	大型	300
固定卷扬式 移动式 液压式	小型	100
	中型	200
	大型	1 000
	超大型	2 000

三、企业人员要求

1. 专业技术人员

型 式	规格	必备人数	工程师（含）以上			其他技术人员
			从事机械	从事焊接	从事电气	
螺杆式	小型	1	1			
	中型	2	2			
	大型	3	2			1
固定卷扬式移动式	小型	2	1			1
	中型	4	2	1		1
	大型	8	3	1	2	2
	超大型	11	4	3	2	2
液压式	小型	2	1			1
	中型	5	2	1	1	1
	大型	8	2	2	2	2
	超大型	10	4	2	2	2

注：其他技术人员是指助理工程师、技术员和技师等。

2. 焊工

产品型式	产品规格	合格焊工人数及焊接方法			母材类别	焊接位置与试件类型
		总人数	焊条电弧焊或气体保护焊工人数	埋弧焊工人数		
螺杆式	中、大型	2	2		Ⅱ类	PA（平焊）
固定卷扬式	小型	2	2		Ⅱ类	PF（立焊）
	中型	3	3		Ⅱ类	
	大型	6	4	2	Ⅱ类	试件厚度大于 12 mm 的全位置合格焊工不少于 2 人
	超大型	10	6	4	Ⅱ类	
移动式	小型	3	3		Ⅱ类	试件厚度为 10～12 mm 的全位置合格焊工不少于 2 人
	中型	4	4		Ⅱ类	
	大型	10	8	2	Ⅱ类	试件厚度大于 12 mm 的全位置合格焊工不少于 2 人
	超大型	16	12	4	Ⅱ类	

产品型式	产品规格	合格焊工人数及焊接方法			母材类别	焊接位置与试件类型
		总人数	焊条电弧焊或气体保护焊工人数	埋弧焊工人数		
液压式	小型	2	2		II、VII类与不锈钢类	管子外径认可范围满足产品需要，焊接位置为PF（管）
	中型	2	1	1		
	大型	3	2	1		
	超大型	6	3	3		

注：板材全位置代号：PA、PC、PE、PF。

3．无损检测人员

型式	规格	无损检测人员最少数量	无损检测专业资格证书与数量							
			超声检测		射线检测		磁粉检测		渗透检测	
			2级	3级	2级	3级	2级	3级	2级	3级
螺杆式	大型	2	1				1		1	
固定卷扬式、移动式	中型	2	1				1		1	
	大型	3	2		1		1		1	
	超大型	4	1	1	1		1	1	1	
液压式	中型	2	1				1		1	
	大型	3	2		1		1		1	
	超大型	3	1	1	1		1		1	

四、主要生产设备和工艺装备要求

型式	规格	主要生产设备和工艺装备
螺杆式	小型	蜗轮副加工设备（齿形机床、车床或旋风铣）
	中型	蜗轮副加工设备（齿形机床、车床或旋风铣）、焊机、起重设备（总起重量不低于5 t）
	大型	蜗轮副加工设备（齿形机床、车床或旋风铣）、焊机、起重设备（总起重量不低于10 t）
固定卷扬式、移动式	小型	滚齿机、卷筒加工设备（车、铣、镗等）、起重设备（总起重量不低于5 t）、焊机
	中型	滚齿机（M12、ϕ800 mm 以上）、卷筒加工设备（卧车ϕ1 000 mm以上）、其他加工设备（车、铣、镗等）、起重设备（总起重量不低于10 t）、焊机
	大型	滚齿机（M20、ϕ2 200 mm 以上）、卷筒加工设备（卧车ϕ1 500 mm以上）、其他加工设备（车、铣、镗等）、起重设备（总起重量不低于30 t）、自动或半自动焊机

型式	规格	主要生产设备和工艺装备
固定卷扬式、移动式	超大型	滚齿机（M25、ϕ2 500 mm 以上）、卷筒加工设备（卧车ϕ2 000 mm 以上）、其他加工设备（车、铣、镗等）、起重设备（总起重量不低于 50 t）、自动或半自动焊机
液压式	小型	镗孔设备或珩磨机、外圆磨床、液压试验台、起重设备（总起重量不低于 5 t）
	中型	镗孔设备或深孔珩磨机（ϕ300 mm，行程 6 m 以上）、外圆磨床、液压试验台、其他加工设备（车、铣、镗等）、焊机、起重设备（总起重量不低于 10 t）
	大型	镗孔设备或深孔珩磨机（ϕ420 mm，行程 8 m 以上）、外圆磨床、液压试验台、其他加工设备（车、铣、镗等）、焊机、起重设备（总起重量不低于 20 t）
	超大型	镗孔设备或深孔珩磨机（ϕ500 mm，行程 10 m 以上）、外圆磨床、液压试验台、其他加工设备（车、铣、镗等）、焊机、起重设备（总起重量不低于 30 t）

五、主要计量器具和检测设备要求

型式	规格	主要计量器具和检测设备
螺杆式	小、中型	螺规、游标卡尺、塞尺、直角尺
	大型	螺规、粗糙度样块、游标卡尺、塞尺、直角尺、超声波探伤仪、磁粉探伤仪
固定卷扬式、移动式	小型	游标卡尺、塞尺、直角尺
	中型	水准仪、粗糙度样块、游标卡尺、塞尺、直角尺、焊缝检验尺、硬度检测仪、超声波探伤仪、磁粉探伤仪
	大型	水准仪、粗糙度样块、游标卡尺、塞尺、直角尺、焊缝检验尺、硬度检测仪、超声波探伤仪、钢卷尺、涂层测厚仪、表面粗糙度样板（Rz）、结合力划格器、磁粉探伤仪、射线探伤机
	超大型	水准仪、粗糙度检测仪、游标卡尺、塞尺、直角尺、焊缝检验尺、硬度检测仪、超声波探伤仪、钢卷尺、涂层测厚仪、表面粗糙度样板（Rz）、结合力划格器、磁粉探伤仪、射线探伤机
液压式	小型	粗糙度样块、游标卡尺、直角尺
	中型	粗糙度检测仪、游标卡尺、直角尺、涂层测厚仪、超声波探伤仪、磁粉探伤仪

型式	规格	主要计量器具和检测设备
液压式	大型	粗糙度检测仪、游标卡尺、直角尺、涂层测厚仪、钢卷尺、焊缝检验尺、硬度检测仪、超声波探伤仪、液压油污染度检测仪、磁粉探伤仪、射线探伤机
	超大型	粗糙度检测仪、游标卡尺、直角尺、涂层测厚仪、钢卷尺、焊缝检验尺、硬度检测仪、超声波探伤仪、液压油污染度检测仪、磁粉探伤仪、射线探伤机

六、质量管理体系要求

质量管理体系包括质量管理、技术管理、生产过程管理、销售服务、计量管理和物资管理等内容。

附录 4   水利工程启闭机使用许可管理办法
实施细则

第一条   为了做好水利工程启闭机使用许可证核发工作，根据《水利工程启闭机使用许可管理办法》（以下简称《办法》），制定本实施细则。

第二条   水利工程启闭机使用许可的申请、受理、实地核查、产品质量检测、决定、延续、变更、撤销以及实施情况的监督检查，适用本实施细则。

第三条   水利部负责启闭机生产及使用许可的实施和监督管理。

第四条   水利部产品质量监督总站（以下简称质监总站）承办水利工程启闭机使用许可的具体工作，包括：

（一）办理《水利工程启闭机使用许可管理办法实施细则》的宣传贯彻；

（二）跟踪启闭机产品的国家标准、行业标准以及技术要求的变化，办理实施细则的修订；

（三）办理企业提交的申请材料的初步审查；

（四）承担企业实地核查工作，提出实地核查情况报告；

（五）办理是否许可的决定、公示、公告等相关事宜；

（六）办理启闭机使用许可实施过程中举报的核实、处理；

（七）办理启闭机生产及使用许可实施情况的监督检查。

第五条   取得水利部批准的水利工程金属结构甲级资质的水利工程质量检测单位，承担水利工程启闭机使用许可的产品质量检测工作。

第六条   企业申请启闭机使用许可证，应当按照《办法》第六条的规定提交纸质申请材料，并同时登录水利部行政许可网上审批系统（http://www.mwr.gov.cn/zxfw），进行网上申报。

纸质申请材料应用 A4 纸打印，一式两份，并加盖单位印章；提交的材料为复印件的，均应加盖单位印章。《水利工程启闭机使用许可证申请书》格式见附录Ⅰ。

第七条   企业提交的申请材料经初步审查符合《办法》第五条规定要求的，

准予受理，制作《水行政许可申请受理通知书》；具有依法不得提出申请的情形的，制作《水行政许可申请不予受理决定书》；申请材料不齐全或者不符合法定形式的，在 5 个工作日内制作《水行政许可申请补正通知书》，一次告知申请企业需要补正的全部内容。

第八条　实地核查工作程序及要求包括：

（一）编制核查计划，至少提前 3 日通知企业做好相关准备。

（二）成立由 2～4 名审查员或专家组成的核查组，承担核查工作。

（三）对企业法人资格、注册资金、人员条件、设备能力等基本条件和质量管理、技术管理、生产过程管理、销售服务、计量管理、物资管理等质量管理体系情况进行全面核实。企业基本条件核查表和企业质量管理体系核查表见附录Ⅱ表 A-1、附录Ⅱ表 A-2。

（四）企业基本条件全部满足要求且质量管理体系核查得分达到合格分数要求的，判定实地核查结论为合格；企业基本条件核查表中任一项不满足要求或者质量管理体系核查得分未达到合格分数要求的，判定实地核查结论为不合格。水利工程启闭机使用许可证核查汇总表见附录Ⅱ表 A-3（表 A-4 作为表 A-3 的备注）。

第九条　实地核查合格的，通知企业开展产品质量检测；实地核查不合格的，通知企业不再开展产品质量检测，并按照本细则第十二条的规定办理。

第十条　开展产品质量检测，企业应当向检测单位提供以下检测条件：

（一）受检产品。首次申请取证（含增加型式和提高规格）的，应在生产场地提供受检样机；申请换证的，由检测单位从近 3 年的产品中随机抽样。

（二）受检产品的设计图样及技术文件。

（三）受检产品的自检资料及外购、外协质量证明文件。

（四）受检产品的安装、使用说明书。

（五）在役设备的作为受检产品时，应提供用户意见。

第十一条　检测单位应当按照产品质量检测标准完成规定的检测项目并进行质量判定。产品质量检测标准表和产品质量检测项目表见附录Ⅱ表 A-4、附录Ⅱ表 A-5。

关键检测项目全部合格，非关键检测项目中螺杆式启闭机和液压式启闭机不合格项不超过 2 个、固定卷扬式启闭机和移动式启闭机不合格项不超过 4 个，且不合格项不影响设备的安全和使用性能的，判定该产品质量检测结论为合格；否则，判定为不合格。

检测单位应当出具产品质量检测报告一式三份，检测单位存档一份，向企业提交两份。

第十二条 根据企业实地核查情况报告和产品质量检测报告，对符合条件并在水利部网站公示无异议的，制作《准予水行政许可决定书》，颁发水利工程启闭机使用许可证，予以公告；对不符合条件的，制作《不予水行政许可决定书》，并说明理由。

第十三条 水利工程启闭机使用许可证分为正本和副本，具有同等法律效力。

第十四条 水利工程启闭机使用许可证的有效期为五年。水利工程启闭机使用许可证期满需要延续的，应当在有效期届满60个工作日前提出申请并按照本细则规定的程序进行办理。

第十五条 已获证企业需要提高启闭机产品规格或者增加产品型式的，应当提出申请并按照本细则规定的程序进行办理。

第十六条 企业变更名称、住所、法定代表人的，应当自发生变更之日起30个工作日内提出水利工程启闭机使用许可证变更申请，并提交以下材料：

（一）水利工程启闭机使用许可证变更申请书一式两份（见附录Ⅲ）；

（二）变更情况说明；

（三）变更前后的企业营业执照复印件；

（四）原水利工程启闭机使用许可证正本及副本。

申请材料应用 A4 纸打印或复印，并加盖单位印章（材料为原件的除外）。

申请材料经审查合格的，制作《准予变更水行政许可决定书》，换发新证书，收回原证书，但有效期不变。

第十七条 企业生产地址发生迁移的，应当自迁移之日起30个工作日内提出水利工程启闭机使用许可证变更申请，并提交以下材料：

（一）水利工程启闭机使用许可证变更申请书一式两份（见附录Ⅲ）；

（二）变更情况说明；

（三）生产地址迁移前后的主要生产设备、工艺装备、计量器具和检测设备清单；

（四）原水利工程启闭机使用许可证正本及副本。

申请材料应用 A4 纸打印或复印，并加盖单位印章（材料为原件的除外）。

按照本细则第八条规定进行实地核查合格的，制作《准予变更水行政许可决定书》，换发新证书，收回原证书，但有效期不变。

第十八条 水利部组织每年抽取一定数量的获证企业进行监督检查，不定期地对水利工程中使用的启闭机的获证情况进行监督检查，通报监督检查结果，并对无证生产企业进行查处。水利工程启闭机使用许可监督检查记录见附录Ⅳ。

第十九条　本实施细则自公布之日起施行。

附录Ⅰ：水利工程启闭机使用许可证申请书
附录Ⅱ：水利工程启闭机使用许可审检有关表格
表 A-1：企业基本条件核查表
表 A-2：企业质量管理体系核查表
表 A-3：水利工程启闭机使用许可证核查汇总表
表 A-4：产品质量检测标准表
表 A-5：产品质量检测项目表
附录Ⅲ：水利工程启闭机使用许可证变更申请书
附录Ⅳ：水利工程启闭机使用许可监督检查记录

附录 I

水利工程启闭机使用许可证
申 请 书

产品型式及规格：_____

企 业 名 称：_____（公章）

日 　　　 期：_____

中华人民共和国水利部制

填 表 说 明

一、本表为企业申请水利工程启闭机使用许可证的专用表格，申请企业不得修改申请书样式。本表可从水利部网站（www.mwr.gov.cn）或水利部产品质量监督质监总站网站（www.wpqs.net）下载。

二、每种产品型式应单独填写申请书。

三、该申请书申报，除一式两份纸质材料（A4 纸打印）外，须同时登录水利部网站 http://www.mwr.gov.cn/zxfw，进行网上申报。

四、"产品型式及规格"应按《水利工程启闭机使用许可管理办法》（水利部令第 41 号）填写。

五、专业技术人员、特殊工种人员应分别附相应证书复印件。

企 业 基 本 情 况

企业名称			
住　所			
生产地址			
营业执照注册号		机构代码	
经济类型		注册资金	
职工总人数		从事启闭机生产人数	
法定代表人		电　话	
联 系 人		联系部门	
固定电话		移动电话	
传　真		邮政编码	
网　址		电子信箱	

已获启闭机使用许可证情况			
序号	产品型式及规格	上次获证时间	证书编号

专 业 技 术 人 员 情 况

序号	姓 名	身 份 证 号 码	职称	专业	证 书 编 号

特 殊 工 种 人 员 情 况

序号	姓 名	身 份 证 号 码	资格类别	证 书 编 号
焊　工				
无损检测人员				

注: 此表可复制加页。

主要生产设备和工艺装备明细表

序号	设备名称	规格型号	设备编号	技术状态

注：此表可复制加页。

主要计量器具和检测设备明细表

序号	器具（设备）名　称	规格型号	器具（设备）编　号	检定情况

注：此表可复制加页。

企业外协、外购情况

序号	外协、外购部件	合同号	外协、外购企业名称

企 业 生 产 状 况

近三年启闭机产品的产值情况		
年份	产值/万元	利润率/%

近三年启闭机业绩情况					
序号	型式及规格	出厂日期	工程名称及地点	合同编号	运行情况

注：此表可复制加页。

附录 II

水利工程启闭机使用许可审检有关表格

表 A-1　企业基本条件核查表

核 查 内 容		核 查 情 况	备 注
（一）企业法人资格			
（二）注册资金/万元			
（三）人员条件	专业技术人员		
	焊工		
	无损检测人员		
（四）设备能力	主要生产设备和工艺装备		
	主要计量器具和检测设备		

表 A-2 企业质量管理体系核查表

项目			子项核查内容	子项额定分	子项评分	项目得分	备注
序号	内容	额定分					
一、质量管理（15分）							
1	质量管理	15	1. 建立了质量管理体系，有对其作充分阐述的经最高管理者批准并受控的质量手册。	2			
			2. 质量管理体系文件（包括质量生产手册、程序文件、作业指导书、有关质量记录表格等）内容规范、全面，符合企业生产要求，各项制度健全。	3			
			3. 企业质量方针、质量目标明确并能坚持贯彻执行，质量管理纳入了工作议事日程。	3			
			4. 质量管理体系有效运行，有管理评审制度及执行见证。	3			
			5. 有质量分析会议记录，有措施，有落实见证。	4			
二、技术管理（15分）							
1	技术管理	15	1. 产品设计由具有相应资质的设计单位承担，设计文件依据现行有效的标准、规范编制。	6			
			2. 生产图纸绘制符合国家标准，各项技术文件达到设计要求，能指导工人操作，审批手续完备，修改有制度。	4			
			3. 各部门、各车间使用的同一零部件的技术资料完全一致。	3			
			4. 图纸、工艺文件、检测记录等技术资料归档及时、完整，符合档案管理规定。	2			
			备注：鼓励企业技术进步，有创新产品并经水利部新产品鉴定的，可加2分。				
三、生产过程管理（40分）							
1	设备与工装	12	1. 设备专管率为100%，完好率在85%以上，设备有台账，有表明状态的标识。	3			
			2. 设备配置符合工艺和精度要求、种类、数量满足生产需要。	4			
			3. 工艺装备有台账、精度满足要求，保管良好。	3			
			4. 设备与工装有管理制度，有维修、保养计划，并有执行见证。	2			

项目			子项核查内容	子项额定分	子项评分	项目得分	备注
序号	内容	额定分					
2	工艺	10	1. 企业对生产制造过程应制定相应的工艺文件。	3			
			2. 对产品的关键工序及特殊过程应制定作业指导书，有执行见证。	3			
			3. 产品防腐蚀施工由具备水工金属结构防腐蚀能力的专业施工企业承担。	2			
			4. 零部件、焊缝返修工序应在受控范围内（有制度、工艺和记录）。	2			
3	质检	12	1. 质检负责人质量意识强，有行使否决权的见证。	2			
			2. 各工序质检人员配备齐全，质检人员熟悉所检工序的参数和检验标准。	4			
			3. 有产品过程（半成品、成品等）的检验记录；记录填写规范，内容完整；并有质量情况统计资料。	6			
4	安全和文明生产	6	1. 现场光线充足，道路畅通，原材料、设备、器具、工件摆放整齐、清洁。	2			
			2. 企业应根据国家有关法律法规制定安全生产制度并实施。生产设施应有安全防护装置，车间、库房等应配备消防器材，对易燃、易爆等危险品应进行隔离和防护。	2			
			3. 原材料、成品、半成品、返修品、废品等应分类存放，并有标识。	2			
四、销售服务（8分）							
1	销售服务	8	1. 有用户服务机构或专人负责，有售后服务制度，销售档案齐全、完整，有用户访问见证。	4			
			2. 用户意见处理及时，有用户意见登记、处理意见、处理结果。	4			

项目 序号	内容	额定分	子项核查内容	子项额定分	子项评分	项目得分	备注
五、计量管理（12分）							
1	计量管理	12	1. 有完善的制度（包括入库验收、维修保养、报废制度等），并有完整的执行记录。	3			
			2. 计量器具有专人管理，有台账。	2			
			3. 计量器具配备齐全，其性能和精度满足生产需要。	3			
			4. 计量器具应按计量法律、法规进行周期检定，在有效期内并有标识。	4			
六、物资管理（10分）							
1	物资管理	10	1. 原材料、外协件、外购件应有质量控制制度，有供方动态评价记录。	2			
			2. 原材料到货、发放、回收有制度，有确认标记，有材质证明，并与存档资料相符，具备可追溯性。	2			
			3. 外协件委托合同应标明技术要求和检验要求，有复检记录。	2			
			4. 主要外购件应有合格证、说明书、规格型号符合要求。	2			
			5. 焊材等特殊材料的存放，湿度、温度等应满足要求。	2			

企业名称：

产品型式及规格：_____

表A-3 水利工程启闭机使用许可证核查汇总表

审 查 内 容	规 定	核 查 结 果	备 注
	满足	核查得分（___分）	
	额定分（100分）		
一、基本条件	15		
二、质量管理体系	15		
（一）质量管理	40		
（二）技术管理	8		
（三）生产过程管理	12		
（四）销售服务	10		
（五）计量管理			
（六）物资管理			
核查结论：	核查组组长签字： 年 月 日	企业负责人签字： （公章） 年 月 日	
核查组成员签名			

注：质量管理体系核查合格的分数要求为：小型、中型、大型、超大型的总得分分别不低于75分、80分、85分、90分，单项得分率分别不低于65%、70%、75%、80%。

表 A-4 产品质量检测标准表

产品名称	产品标准	相关标准
螺杆式启闭机	《水利水电工程启闭机制造安装及验收规范》（SL 381—2007）《QL 型螺杆式启闭机技术条件》（SD 298—88）《水电水利工程启闭机制造安装及验收规范》（DL 5019—94T）	《低压电器外壳防护等级》（GB/T 4942.2—1993）《低压电器基本标准》（GB/T 1497—1985）《水利水电工程启闭机设计规范》（SL 41—2011）
固定卷扬式启闭机 移动式启闭机	《水利水电工程启闭机制造安装及验收规范》（SL 381—2007）《固定卷扬式启闭机通用技术条件》（SD 315—89）《水电水利工程启闭机制造安装及验收规范》（DL 5019—94T）	《低压电器外壳防护等级》（GB/T 4942.2—1993）《低压电器基本标准》（GB/T 1497—1985）《水利水电工程启闭机设计规范》（SL 41—2011）《重要用途钢丝绳》（GB/T 8918—2006）《起重机设计规范》（GB/T 3811—2008）
液压式启闭机	《水利水电工程启闭机制造安装及验收规范》（SL 381—2007）《QPPY 系列液压式启闭机》（SD 207—87）	《低压电器外壳防护等级》（GB/T 4942.2—1993）《低压电器基本标准》（GB/T 1497—1985）《水利水电工程启闭机设计规范》（SL 41—2011）《液压系统通用技术条件》（GB/T 3766—2001）

各种产品均涉及的焊接、防腐蚀、无损检测三个方面的相关标准：
《水工金属结构焊接通用技术条件》（SL 36—2006）、《水工金属结构防腐蚀规范》（SL 105—2007）、《无损检测人员资格鉴定与认证》（GB/T 9445—2005）、《无损检测 应用导则》（GB/T 5616—2005）、《金属熔化焊焊接接头射线照相》（GB 3323—2005）、《钢焊缝手工超声波探伤方法和探伤结果分级》（GB/T 11345—1989）、《中厚钢板超声波检验方法》（GB/T 2970—1991）、《钢锻件超声波检验方法》（GB/T 6402—1991）、《铸钢件射线照相及底片等级分类方法》（GB/T 5677—1985）、《无损检测 磁粉检测》（GB/T 15822.1～3—2005）、《无损检测 渗透检测》（GB/T 18851.1～3—2005）、《无损检测 焊缝磁粉检测及验收等级》（JB/T 6061—2006）、《无损检测 焊缝渗透检测及验收等级》（JB/T 6062—2006）

表A-5　产品质量检测项目表

产品名称	产品质量检测项目	
	生产场地样机	在役设备
螺杆式启闭机	螺杆直线度、螺杆螺纹表面粗糙度、螺母螺纹表面粗糙度、螺母缺陷*、螺杆螺母传动副运行状态、蜗杆齿面粗糙度、蜗杆缺陷*、蜗轮齿面粗糙度、蜗轮缺陷*、机箱和机座缺陷*、机箱接合面间隙、手摇机构试运转、电气回路绝缘电阻、电动机构试运行、电气设备性能、限位开关试验、电机运行状况	螺杆螺纹表面粗糙度、螺杆螺母传动副运行状态、机箱和机座缺陷*、机箱漏油情况、手摇机构试运转、电气回路绝缘电阻、设备运行试验、电气设备性能、限位开关试验、电机运行状况、荷载控制装置性能、双吊点同步性测试
固定卷扬式启闭机	卷筒壁厚、卷筒缺陷*、制动轮工作面粗糙度、制动轮制动面硬度、制动轮缺陷*、制动轮径向跳动、制动带与制动闸瓦的装配、开式齿轮缺陷*、开式齿轮齿面粗糙度、开式齿轮齿面硬度（包括小齿轮、大齿轮、齿轮副硬度差）、开式齿轮最小侧间隙、开式齿轮接触斑点（齿高与齿长两个方向）、调速器装配质量、各零部件的紧固性、钢丝绳规格、滑轮材料、滑轮裂纹*、滑轮装配后的灵活性、线路绝缘电阻、空载模拟试验、高度指示装置和载荷控制装置试验、电动机三相电流不平衡度、机械部件运转性能、制动器动作性能、电气设备性能、快速闸门启闭机制动器松闸电流、快速闸门启闭机制动器电磁线圈温度	卷筒缺陷*、制动轮工作面粗糙度、制动轮制动面硬度、制动轮缺陷*、制动轮径向跳动、制动带与制动闸瓦的装配、开式齿轮缺陷*、开式齿轮齿面粗糙度、开式齿轮齿面硬度（包括小齿轮、大齿轮、齿轮副硬度差）、开式齿轮最小侧间隙、开式齿轮接触斑点（齿高与齿长两个方向）、调速器装配质量、各零部件的紧固性、减速器密封性检查、线路绝缘电阻、设备运行试验、高度指示装置和载荷控制装置试验、电动机三相电流不平衡度、机械部件运转性能、制动器动作性能、电气设备性能、限位开关试验、快速闸门启闭机制动器松闸电流、快速闸门启闭机制动器电磁线圈温度
移动式启闭机	除固定卷扬式启闭机中的检测项目外，增加：主梁上拱度、主梁水平弯曲、悬臂端上翘度、桥架对角线相对差、门架高度相对差、车轮硬度、车轮缺陷*、车轮装配质量、运行机构空转试验	除固定卷扬式启闭机中的检测项目外，增加：主梁上拱度、主梁水平弯曲、悬臂端上翘度、车轮硬度、车轮缺陷*、大车行走性能、小车行走性能、运行噪声、限位开关试验、保护装置试验、导电装置性能
液压式启闭机	活塞杆导向段外径、活塞杆表面粗糙度、活塞杆镀铬层厚度、电气回路绝缘电阻、空载试验、油泵运行性能、液压缸运行性能、最低启动压力*、耐压试验*、外泄漏、内泄漏、电器元件、操作系统可靠性*、1.1倍工作压力排油检查	电气回路绝缘电阻、运行试验、耐压试验*、油泵运行性能、液压缸运行性能、外泄漏、电器元件、操作系统可靠性*、1.1倍工作压力排油检查、闭门动作、启门动作、自动纠偏

* 为关键检测项，其他为非关键检测项。

附录Ⅲ

水利工程启闭机使用许可证
变更申请书

企业名称：＿＿＿＿＿＿＿＿＿（公章）

日　　期：＿＿＿＿＿＿＿＿

中华人民共和国水利部制

企业名称		联系人	
联系方式		邮　编	
已获启闭机使用许可证情况			
序号	证书编号		有效期限
1			
2			
3			
4			
申请变更事项			
变更项目	原核准		变更后
企业名称			
企业住所			
法定代表人			
生产厂址			
变更原因			
提交材料目录			

附录 IV

水利工程启闭机使用许可
监督检查记录

受检单位名称：＿＿＿＿＿＿＿＿＿＿＿＿＿＿＿

检 查 日 期：＿＿＿＿＿＿＿＿＿＿＿＿＿＿＿

中华人民共和国水利部制

受检单位名称	
受检水利工程名称	
地　　址	
联系人及电话	
检查内容	检查情况记录

整改意见	
	监督检查结论为：□ 合格　　　□ 不合格 　　　　　检查组组长签字： 　　　　　　　　　　　　　　　　　年　月　日
检查组成员签字	
受检单位意见	企业负责人签字： 　　　　　　　　　　　　　　　　（公章） 　　　　　　　　　　　　　　　年　月　日

146

附录 5　水利工程启闭机使用许可证审查员管理办法

质监[2006]01 号

为进一步规范水利工程启闭机使用许可证管理工作，保证审查工作的公正和公平，决定实行启闭机使用许可证审查员制度。根据《水利工程启闭机使用许可证管理办法》（水综合[2003]277 号），制定本办法。

一、管理机构

质监总站是启闭机使用许可证审查员（以下简称"审查员"）的主管部门，负责审查员的申请受理、业务培训、证书发放和监督管理工作。

二、资格条件

水利工程启闭机使用许可证审查员必须具备以下条件：

1. 坚持党的四项基本原则，遵守国家的法律法规，热心从事水利工程启闭机使用许可证工作。

2. 具有良好的职业道德，实事求是，作风正派，秉公办事。

3. 具有多年从事水利行业管理工作经验，熟悉国家有关产品质量监督管理等方面的法律、法规、政策、标准和水利工程启闭机使用许可证管理办法，有较强的政策水平。

4. 具有本科以上（含本科）或相当于本科以上文化水平，具有一定的专业技术经历，并获得工程师或相当于工程师以上职称。

5. 具有一定的企业管理、质量管理和机械加工的基本知识，能满足发证审查工作的基本需要。

6. 身体健康，能够胜任现场工作。审查员年龄一般不超过 60 岁。

7. 严格遵守审查员的工作纪律，对水利工程启闭机使用许可证审查工作尽职尽责。

三、审查员的职责

1. 受质监总站委托，进行水利工程启闭机使用许可证企业质量保证体系条件的审查及有关工作；

2. 受质监总站委托，对水利工程启闭机使用许可证获证企业进行监督和检查；

3. 实事求是地填写审查（抽查）报告，对审查报告的真实性负责；

4. 尊重知识、尊重劳动，对企业的技术资料保守秘密；

5. 发现许可证审查及有关工作有弄虚作假，违反纪律规定的现象，有向质监总站直接报告的义务。

四、审查员纪律

1. 服从质监总站的审查工作安排，认真履行审查职责；

2. 审查组实行组长负责制，审查工作中审查员应服从组长指挥，统一行动；

3. 严格保密制度，不得将审查组内部意见泄露给企业；

4. 遵守职业道德，不徇私情，不得擅自改变审查组的决定；

5. 如果违反以上纪律将被取消审查员资格。

五、聘任程序

聘任人员经本人申请，由所在单位推荐并填写审查员申请表，报质监总站审核。审核合格的聘为审查员，并颁发审查员聘书。聘书有效期为五年，期满后重新聘任。

本办法由质监总站负责解释，自公布之日起实施。

附录6 水利工程启闭机使用许可证申请书 变更备案表

填写日期：

企业名称	（盖章）		
联系地址		邮政编码	
联系人		联系电话/传真	
序号	原申请产品型式及规格	变更后申请产品型式及规格	
1			
2			
3			
变更理由说明			
质监总站审核备案意见			
		签字： 日期：	

注：本备案表仅适用于实地核查过程中，企业因基本条件或受检产品规格达不到原申请产品型式及规格的相关要求，主动提出变更申请时填写。

149

附录 7　水利工程启闭机使用许可证企业实地核查实施计划表

企业名称						
企业地址						
法定代表人		联系人			联系电话	
核查组组长			联系电话			
实地核查实施活动安排						
核查日期	自　　年　　月　　日　　至　　年　　月　　日					
核查组预备会议	日 — 日			核查组全体成员参加		
首次会议	日 — 日			请受核查企业有关人员参加		
现场审查活动	日 — 日			请各受核查企业相关部门人员参加		
内部会议	日 — 日			核查组全体成员参加		
核查情况沟通会议	日 — 日			请受核查企业负责人参加		
末次会议	日 — 日			请受核查企业有关人员参加		
核查组分工	核查组成员		分工核查的项目			
核查组组长（签字）　　　　　　　　　　　　　　　年　　　月　　　日						
备注						

附录8　水利工程启闭机使用许可证审查通知书

质监　启审[　　年]　　号

_____:

　　你单位提出_____启闭机使用许可证申请，申请材料初步审查合格。根据水利部《水利工程启闭机使用许可管理办法》的规定，经研究决定，委派以_____为组长的审查组，于_____年____月_____日至____日到你企业进行质量保证体系审查。请你单位提前做好准备工作。

　　联　系　人：_____

　　联系电话：_____

年　　　月　　　日

一式两份，一份存档，一份交企业　　　　　　　　　　质监总站制

附录 9 水利工程启闭机使用许可证企业实地核查首次会议签到表

时间		地点		
核查组组长				
核查组成员				
受核查企业参会人员				
序号	姓名	部门	职务/职称	备注

附录 10　水利工程启闭机使用许可证企业实地核查工作意见反馈表

质监　启审[　　年]　　号

企业名称				核查日期		
核查组组长		成员				
核查组实施核查活动时，是否向受核查企业出示审查员证书等相关证件				□ 是		□ 否
核查组是否不依据《水利工程启闭机使用许可管理办法》、《水利工程启闭机使用许可管理办法实施细则》实施核查活动，故意刁难企业				□ 是		□ 否
核查组是否擅自增加《管理办法》以外的其他条件				□ 是		□ 否
核查组是否有推销等谋取不正当利益的活动				□ 是		□ 否
核查组是否有违反《水利工程启闭机使用许可证审查员管理办法》的行为				□ 是		□ 否
核查组是否有索取或者收受企业财物等违反法律、法规和规章的其他行为				□ 是		□ 否
说明： 本意见反馈表由企业填写，企业负责人签名、加盖公章后直接寄至： 水利部综合事业局产品质量监督总站 通讯地址：北京市宣武区南线阁 58 号上善若水大厦 邮　　编：100053						

企业负责人签字：　　　　　　　　　　　　联系电话：

（公章）

附录 11   首次会议发言稿

　　根据《水利工程启闭机使用许可管理办法》和《水利工程启闭机使用许可管理办法实施细则》的规定，质监总站派出核查组，对贵企业申请的＿＿＿＿（规格）＿＿＿＿（型式）启闭机使用许可证的基本条件和企业质量管理体系情况进行实地核查。

　　1. 实地核查的目的、依据、范围和内容

　　核查组进行实地核查的目的是对你企业申请的＿＿＿＿（规格型式）启闭机使用许可证的基本条件和企业质量管理体系运行情况进行全面审查，评价你企业是否具备持续稳定生产质量安全合格启闭机产品的能力。

　　本次核查工作的依据是《水利工程启闭机使用许可管理办法》（水利部第 41 号令）和《水利工程启闭机使用许可管理办法实施细则》（水事业[2011]77 号）等有关规章文件，以及＿＿＿＿（型式）启闭机产品涉及的技术标准，包括产品标准、通用标准、基础标准、检测标准等。

　　本次核查的范围是贵企业所申请的＿＿＿＿（型式）启闭机涉及的生产过程、相关部门和人员。

　　本次审查的内容是《水利工程启闭机使用许可管理办法实施细则》附录Ⅱ中的全部条款。其中企业基本条件核查，核查内容包括企业法人资格、注册资金、人员条件、设备能力四方面；企业质量管理体系核查，核查项目包括质量管理、技术管理、生产过程管理、销售服务、计量管理、物资管理等内容。

　　2. 实地核查的方法、时间及分工

　　核查的方法主要是：审阅文件资料和记录、查看生产现场设施和设备、找管理技术和操作人员交谈并安排现场加工考察实际操作等。

　　本次审查的时间为＿＿＿天，日程安排是：首次会议后，先参观生产现场，约半小时；＿＿＿＿点开始分组核查（审查组分组情况说明），＿＿＿＿点审查组内部会议；＿＿＿＿点与企业主要领导沟通会；＿＿＿＿点召开末次会议。

　　由于核查时间紧、内容多，核查组将采取随机抽样的方法进行核查，通过所抽取的文件、记录、实物及活动等的符合情况，进行评价形成实地核查结论。抽查的方式可能会带有一定的风险性，核查组将遵循随机的原则进行抽样以努力保证核查结果的客观公正性。

3．实地核查的判定原则

《水利工程启闭机使用许可管理办法实施细则》规定，实地核查结论根据企业基本条件符合情况和企业质量管理体系评分情况决定。即企业基本条件全部满足要求且质量管理体系核查得分达到合格分数要求的，判定实地核查结论为合格；企业基本条件核查表中任一项不满足要求或者质量管理体系核查得分未达到合格分数要求的，判定实地核查结论为不合格。质量管理体系核查为合格的分数要求为：小型、中型、大型、超大型的总得分分别不低于 75 分、80 分、85 分、90 分，单项得分率分别不低于 65%、70%、75%、80%。

4．保密和纪律

核查组向企业承诺，将保守企业的技术秘密和商业机密。在开始核查前，请企业确认哪些属于本企业的秘密，以便核查组采取相应的方法来核查。

核查组将严格遵守启闭机使用许可证审查员工作守则和有关纪律，客观、公正地开展工作，并自觉接受企业的监督。

5．提几点要求和注意事项

为保证核查工作顺利进行，做好准备配合核查组工作，根据核查组分工，分别明确陪同人员，协助联络和落实审查活动安排。

请企业安排好工作保证正常生产，各部门各车间人员应坚守岗位，特殊情况，主要人员需外出应征得核查组同意。

请企业如实提供有关文件、资料和记录，并如实介绍有关活动情况，以便核查组作出客观评价意见。

6．（澄清疑问）询问企业对核查工作的安排有没有疑问。

7．（请企业领导讲话）介绍企业准备工作的情况。

8．（组长宣布）首次会议结束，请各位回到自己的岗位，并请陪同人员密切配合核查组的工作。

附录 12　企业质量管理体系核查记录表

项目序号	内容	核查内容	子项额定分	子项评分	评分依据[①]	见证记录[②]
一、质量管理（15分）						
1	质量管理	1. 质量管理体系建立及质量手册	2			
		2. 质量管理体系文件	3			
		3. 企业质量方针、质量目标	3			
		4. 质量管理体系运行	3			
		5. 质量分析会议记录	4			

项目序号	项目内容	核查内容	子项额定分	子项评分	评分依据[①]	见证记录[②]
二、技术管理（15分）						
1	技术管理	1. 产品设计	6			
		2. 生产图纸绘制	4			
		3. 技术资料一致性	3			
		4. 技术资料归档	2			
		备注：新产品鉴定额外分	2			
三、生产过程管理（40分）						
1	设备与工装	1. 设备管理	3			
		2. 设备配置	4			
		3. 工艺装备	3			
		4. 设备与工装维修、保养	2			

项目序号	目内容	核查内容	子项额定分	子项评分	评分依据①	见证记录②
2	工艺	1．工艺文件	3			
		2．作业指导书	3			
		3．产品防腐蚀施工	2			
		4．零部件、焊缝返修工序	2			
3	质检	1．质检负责人配备	2			
		2．质检人员配备	4			
		3．过程检验记录	6			

158

项序号	目内容	核查内容	子项额定分	子项评分	评分依据①	见证记录②
4	安全和文明生产	1. 现场环境	2			
		2. 安全生产	2			
		3. 原材料、产品摆放	2			
四、销售服务（8分）						
1	销售服务	1. 售后服务	4			
		2. 用户意见处理	4			
五、计量管理（12分）						
1	计量管理	1. 维修保养	3			
		2. 计量器具管理	2			
		3. 计量器具配备	3			
		4. 计量器具周期检定	4			

项目序号	项目内容	核查内容	子项额定分	子项评分	评分依据①	见证记录②
六、物资管理（10分）						
1	物资管理	1. 供方动态评价	2			
		2. 原材料管理	2			
		3. 外协件质量控制	2			
		4. 外购件质量控制	2			
		5. 焊材存放	2			

注：① 评分依据是指对应《作业指导书》7.2节评分原则中的哪条内容；
　　② 见证记录应简要记载每条核查内容的具体核查情况。

附录 13　水利工程启闭机使用许可证企业实地核查末次会议签到记录表

时间			地点		
核查组组长					
核查组成员					
受核查企业参会人员					
序号	姓名	部门		职务/职称	备注

附录 14 水利工程启闭机使用许可证企业实地核查主要问题整改要求表[①]

企业名称		
序号	主要问题发生位置[②]	整改意见
整改截止期限：		
核查组组长（签字）		企业负责人（签字）

注：①需整改的问题发生位置是依据评分原则在最低档评分范围内评分的子项；
②为所属子项位置。

SHUILI GONGCHENG QIBIJI SHIYONG
XUKEZHENG JIAOCHENG

内容简介

本书全面介绍了水利工程启闭机使用许可证核发工作和审查员作业规范。具体分两篇：上篇，是水利工程启闭机使用许可证概论，概述水利工程启闭机使用许可证管理制度的产生、发展及适用范围，介绍启闭机基础知识，说明启闭机使用许可管理的组织机构和职责，阐述启闭机使用许可证核发程序、企业实地核查工作程序、产品质量检测程序、监督管理及对无证企业的查处，并介绍与启闭机使用许可证核发工作相关的法律、法规和制度。下篇，是水利工程启闭机使用许可审查员作业指导书，全面介绍企业实地核查工作流程、实施方法，重点阐述了企业实地核查方法和要点。

教程内容丰富、翔实，通俗易懂，针对性和实用性强，既适合水利工程启闭机使用许可证审查员业务培训的需要，又能满足核发办理、实地核查、质量检测、监督检查等人员工作的需要，也可为启闭机生产、设计、使用、管理等单位和人员从事相关工作提供参考。对贯彻落实好启闭机市场准入制度、严格遵守有关规定、依法申请取证、依法持证生产经营，以及为水利工程提供优质产品和服务等具有一定的指导作用。

· ISBN 978-7-5111-1338-

9 787511 113382

定价：30.00 元